Muhammad Masood

Impacto das alterações climáticas na hidrologia do Meghna Ganges-Brahmaputra

AF376453

Muhammad Masood

Impacto das alterações climáticas na hidrologia do Meghna Ganges-Brahmaputra

Implicações para a futura gestão dos recursos hídricos da bacia mais vulnerável do mundo

ScienciaScripts

Imprint

Any brand names and product names mentioned in this book are subject to trademark, brand or patent protection and are trademarks or registered trademarks of their respective holders. The use of brand names, product names, common names, trade names, product descriptions etc. even without a particular marking in this work is in no way to be construed to mean that such names may be regarded as unrestricted in respect of trademark and brand protection legislation and could thus be used by anyone.

Cover image: www.ingimage.com

This book is a translation from the original published under ISBN 978-620-2-00364-3.

Publisher:
Sciencia Scripts
is a trademark of
Dodo Books Indian Ocean Ltd. and OmniScriptum S.R.L publishing group

120 High Road, East Finchley, London, N2 9ED, United Kingdom
Str. Armeneasca 28/1, office 1, Chisinau MD-2012, Republic of Moldova, Europe
Printed at: see last page
ISBN: 978-620-7-69350-4

Índice:

Resumo

A bacia hidrográfica do rio Ganges-Brahmaputra-Meghna (GBM) contém cerca de um décimo da população mundial. A comunidade científica identifica-a como a bacia mais vulnerável do mundo às alterações climáticas. A bacia é também reconhecida como uma das zonas mais propensas a riscos naturais de origem hídrica, inundações e secas, que ameaçam anualmente um grande número de pessoas. Por conseguinte, a gestão dos recursos hídricos desempenha um papel crucial na garantia da sustentabilidade da região. No entanto, raramente foram realizadas análises hidrometeorológicas pormenorizadas, incluindo a avaliação do impacto das alterações climáticas com um modelo hidrológico avançado, com o objetivo de obter informações relevantes para a política, necessárias para a adaptação às alterações climáticas e para a gestão local dos recursos hídricos nas bacias do GBM. Para colmatar esta lacuna, foi utilizado um modelo hidrológico distribuído à macro-escala, H08, para avaliar os impactos das alterações climáticas na hidrologia à escala da bacia, incluindo o escoamento superficial, a evapotranspiração, a radiação líquida e a humidade do solo, utilizando 5 GCM CMIP5 através de 3 experiências temporais: o presente (1979-2003), o futuro próximo (2015-2039) e o futuro distante (2075-2099). O modelo H08 foi calibrado com uma resolução de grelha relativamente fina (10 km) através da análise da sensibilidade dos parâmetros do modelo e validado com base em dados diários de caudal observados a longo prazo (32 anos). Além disso, os impactos das alterações climáticas na capacidade de gestão dos extremos hidrológicos (cheias e secas) em termos do armazenamento necessário para atenuar as variações hidrológicas foram avaliados utilizando as curvas de duração das cheias (FDC) e as curvas de duração das secas (DDC). Os resultados mostram que, no final do século XXI, no cenário de emissões mais elevado, RCP8.5, (a) prevê-se que toda a bacia do GBM sofra um aquecimento de ~4,3°C; (b) prevê-se que as alterações da precipitação média (escoamento superficial) sejam de +16,3% (+16,2%), +19,8% (+33.1%), e +29,6% (+39,7%) no Brahmaputra, Ganges e Meghna, respetivamente; e (c) projecta-se que a evapotranspiração aumente em todo o GBM (Brahmaputra: +16,4%, Ganges: +13,6%, Meghna: +12,9%) devido ao aumento da radiação líquida e ao aquecimento da temperatura. De um modo geral, observa-se que o impacto das alterações climáticas nos processos hidrológicos da bacia do Meghna será maior do que o das outras duas bacias. A partir das análises da curva de duração, observa-se também que, no futuro, a gestão da bacia do Meghna deverá ser mais difícil devido ao aumento das variações sazonais e anuais do caudal. Esta informação contribuirá para a gestão direta dos recursos hídricos na bacia e para melhorar a conceção de medidas de adaptação. Os resultados também podem ser considerados para a gestão dos riscos, o planeamento da prevenção, a atenuação do risco de catástrofes e a formulação de políticas para o desenvolvimento dos recursos hídricos.

Capítulo 1
1. Introdução

1.1 Antecedentes

A bacia hidrográfica do rio Ganges-Brahmaputra-Meghna (doravante frequentemente designada por GBM) tem uma área total de cerca de 1,7 milhões de km^2 (FAO-AQUASTAT, 2014; Islam et al., 2010) e é partilhada pela Índia (64%), China (18%), Nepal (9%), Bangladesh (7%) e Butão (3%) (Figura 1-1). O rio Brahmaputra nasce nos glaciares dos Himalaias e atravessa a China, o Butão e a Índia antes de desaguar na Baía de Bengala, no Bangladesh. É um rio entrançado alimentado pela neve que permanece um curso de água natural, sem grandes estruturas hidráulicas construídas ao longo do seu curso. O rio Ganges nasce nos glaciares de Gangotri, nos Himalaias, e atravessa o Nepal, a China e a Índia antes de desaguar na Baía de Bengala, no Bangladesh. É um rio alimentado pelo degelo e o seu caudal natural é controlado por uma série de barragens construídas pelos países a montante. O rio Meghna é um rio comparativamente mais pequeno, alimentado pela chuva e relativamente mais vistoso, que atravessa uma região montanhosa na Índia antes de entrar no Bangladesh. As principais características dos rios do GBM são apresentadas no Quadro 1-1. Este sistema fluvial é o terceiro maior escoadouro de água doce do mundo para os oceanos (Chowdhury & Ward, 2004). Durante cheias extremas, mais de 138.700 m^3 s^{-1} de água fluem para a Baía de Bengala através de uma única saída, que é a maior intensidade do mundo, excedendo mesmo a das descargas da Amazónia em cerca de 1,5 vezes (FAO-AQUASTAT, 2014). A bacia do rio GBM é única no mundo em termos de clima diversificado. Por exemplo, a bacia do rio Ganges é caracterizada por baixa precipitação (760-1.020 mm ano^{-1}) na região noroeste superior e alta precipitação (1.520-2.540 mm ano^{-1}) ao longo das áreas costeiras. As zonas de precipitação elevada e as zonas secas de sombra de chuva estão localizadas na bacia do rio Brahmaputra, enquanto a área de precipitação mais elevada do mundo (~5.690 mm ano^{-1}) está situada na bacia do rio Meghna (FAO-AQUASTAT, 2014). A Figura 1-2 mostra o mapa de precipitação média da bacia do GBM em escala logarítmica, criado a partir dos dados diários de precipitação e queda de neve (1980 a 2001) do conjunto de dados WATCH Forcing Data (WFD). A Figura 1-3 mostra a distribuição da ocupação do solo que foi recolhida a partir do Global Land Cover by National Mapping Organizations (GLCNMO), preparado utilizando dados MODIS com tecnologia de deteção remota (Tateishi et al., 2014). O GLCNMO classifica o estado da cobertura do solo de todo o globo em 20 categorias com base no Sistema de Classificação da Cobertura do Solo (LCCS) desenvolvido pela FAO. Os dados de elevação da Fig. 1-4 foram obtidos a partir do HydroSHEDS, que é derivado de dados de deteção remota da Shuttle Radar Topography Mission (SRTM) com uma resolução de 3 segundos de arco (90 m) durante uma missão de 11 dias em fevereiro de 2000 (Lehner et al. 2006).

A bacia do rio GBM contém cerca de um décimo da população mundial. Dado que a população continua a aumentar de forma constante, a utilização da água está a aumentar rapidamente para satisfazer as necessidades de água dos municípios, da agricultura e da indústria. Além disso, a bacia é também reconhecida como uma das áreas mais propensas a riscos naturais de origem hídrica, inundações e

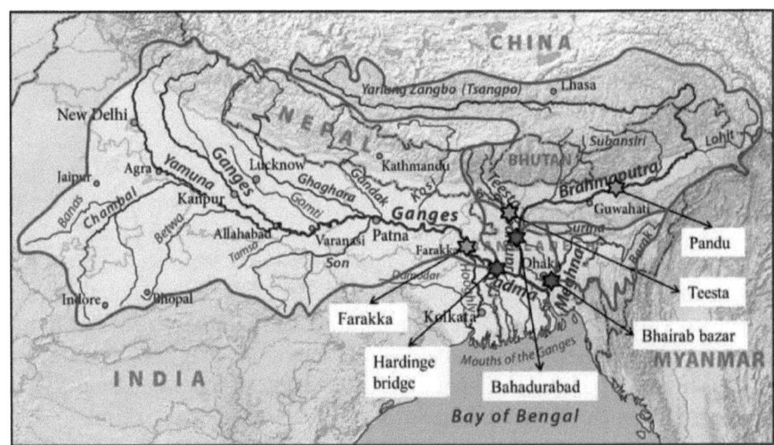

Figura 1-1. A fronteira da bacia do rio Ganges-Brahmaputra-Meghna (GBM) (linha vermelha grossa), as três saídas (estrela vermelha): Hardinge bridge, Bahadurabad, e Bhairab bazar para as bacias dos rios Ganges, Brahmaputra, e Meghna, respetivamente. As estrelas verdes indicam a localização de três estações adicionais a montante: Farakka, Pandu e Teesta (A figura foi modificada de Pfly, 2011).secas no mundo, que ameaçam um grande número de pessoas todos os anos. Por conseguinte, a gestão dos recursos hídricos desempenha um papel crucial para garantir a sustentabilidade da região.

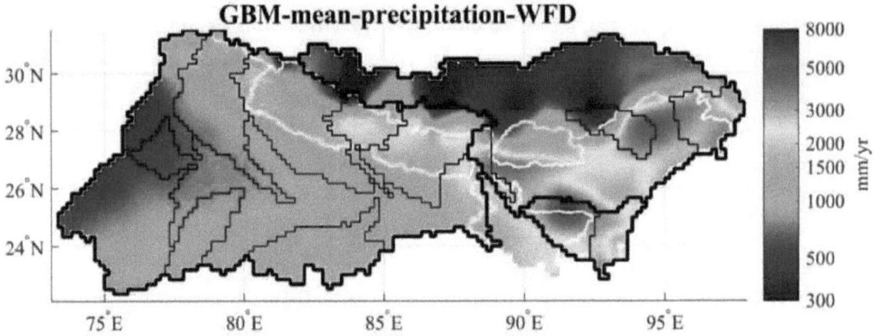

Figura 1-2. O mapa de precipitação média da bacia do rio Ganges-Brahmaputra-Meghna (GBM) em escala logarítmica que mostra o padrão de precipitação diversificado. O mapa foi criado a partir dos dados diários de precipitação e queda de neve (1980 a 2001) do conjunto WATCH Forcing Data (WFD).

As características hidroclimáticas diversificadas e únicas da bacia do GBM atraem a comunidade científica para a realização de investigação sobre a bacia. Por conseguinte, existe um bom número de estudos sobre esta bacia com objectivos diferentes. Vários estudos centraram-se nas relações entre a precipitação e as descargas na bacia GBM: (a) identificando e estabelecendo a correlação entre as descargas da bacia e a oscilação El Niño-sul (ENSO) e a temperatura da superfície do mar (SST) (Chowdhury & Ward, 2004; Mirza et al, 1998; Nishat & Faisal, 2000), (b) analisando os dados observados ou de reanálise disponíveis (Chowdhury & Ward, 2004, 2007; Kamal-Heikman et al., 2007; Mirza et al., 1998), e (c) avaliando dados históricos de inundações (Islam et al., 2010; Mirza, 2003). Nos estudos acima referidos, foram utilizadas várias abordagens estatísticas em vez de simulações de modelos hidrológicos. Nos últimos anos, foram comunicados vários estudos de modelos hidrológicos à escala global (Haddeland et al., 2011; Haddeland et al., 2012; Pokhrel et al., 2012). Embora os seus domínios de modelação incluam a bacia do GBM, estas simulações à escala global não são totalmente fiáveis devido à falta de

Código	Nome da classe	Código	Nome da classe
1	Floresta de folha larga perene	11	Terras de cultivo
2	Floresta de folha larga decídua	12	Campo de arroz
3	Floresta perene de folha de agulha	13	Mosaico de terras agrícolas / outra vegetação
4	Floresta de folha caduca de agulha	14	Mangue
5	Floresta mista	15	Zona húmida
6	Árvore aberta	16	Área nua, consolidada (cascalho, rocha)
7	Arbusto	17	Área nua, não consolidada (areia)
8	Herbáceas	18	Urbano
9	Herbáceas com árvores/arbustos esparsos	19	Neve / Gelo
10	Vegetação esparsa	20	Massas de água

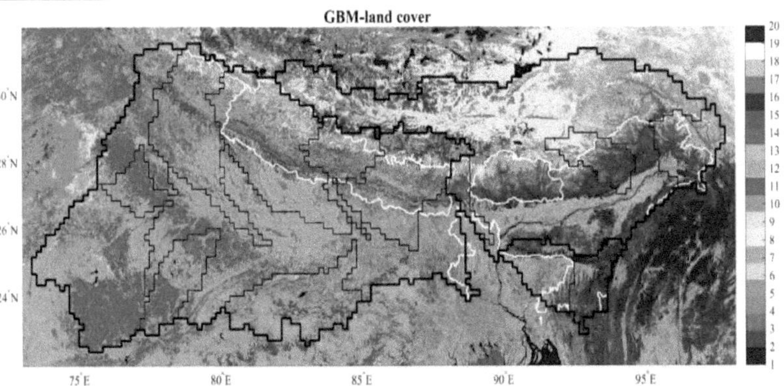

Figura 1-3. Distribuição da cobertura do solo da bacia do GBM que foi recolhida a partir do Global

Land Cover by National Mapping Organizations (GLCNMO), preparado utilizando dados MODIS com tecnologia de deteção remota (Tateishi et al., 2014). O GLCNMO classifica o estado da cobertura do solo de todo o globo em 20 categorias com base no Sistema de Classificação da Cobertura do Solo (LCCS) desenvolvido pela FAO.

calibração de modelos tanto à escala global como à escala da bacia.

Foram efectuados alguns estudos para investigar o impacto das alterações climáticas na hidrologia e nos recursos hídricos da bacia GBM (Biemans et al., 2013; Gain et al., 2011; Ghosh & Dutta, 2012; Immerzeel, 2008; Kamal et al., 2013; Mirza & Ahmad, 2005b). Na maioria destes estudos, o caudal futuro foi projetado com base numa regressão linear entre a precipitação e o caudal derivado de dados históricos (Chowdhury & Ward, 2004; Immerzeel, 2008; Mirza et al., 2003). Immerzeel (2008) utilizou a técnica de regressão múltipla para prever o caudal na estação de Bahadurabad (a saída da bacia do Brahmaputra) em condições futuras de temperatura e precipitação, com base num modelo de circulação global (GCM) estatisticamente reduzido. No entanto, uma vez que a maioria dos processos hidrológicos não são lineares, não podem ser previstos com precisão através da extrapolação de equações de regressão derivadas empiricamente para projecções futuras. A alternativa para a avaliação dos impactos das alterações climáticas na hidrologia à escala da bacia é a modelação hidrológica bem calibrada, mas esta raramente tem sido efectuada para a bacia do GBM devido à falta de dados observados para a calibração e validação do modelo. Ghosh e Dutta (2012) aplicaram um modelo hidrológico distribuído em macro-escala para estudar a alteração das características futuras das cheias na bacia do Brahmaputra, mas o seu domínio de estudo centrou-se apenas nas regiões da Índia. Gain et al. (2011) estimaram as tendências futuras dos caudais baixos e altos na bacia inferior do Brahmaputra utilizando resultados de um modelo hidrológico global (resolução da grelha: 0,5°) forçado por múltiplos resultados de GCM. Em vez da calibração do modelo, o caudal futuro simulado foi ponderado em relação às observações para avaliar os impactos das alterações climáticas.

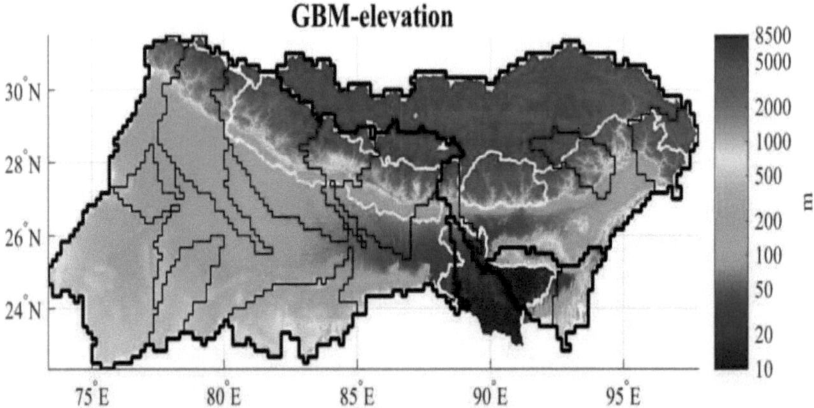

Figura 1-4. Dados de elevação da bacia GBM em escala logarítmica que são adquiridos do HydroSHEDS, derivados de dados de deteção remota da Shuttle Radar Topography Mission (SRTM) com uma resolução de 3 segundos de arco (90 m) durante uma missão de 11 dias em fevereiro de 2000 (Lehner et al. 2006).

Tabela 1-1 *Principais Características da Bacia dos Rios Ganges, Brahmaputra e Meghna*

Item		Brahmaputra	Ganges	Meghna
Área da bacia (km)^2		583,[000b] 530,000[f,g] 543,400[h]	907,[000b] 1087,300[h] 1000,000[c]	65,[000b] 82,000[h]
Comprimento do rio (km)		1,[800b] 2,900[f] 2 896[a]	2,[000b] 2,510[c] 2 500[a]	946b
Elevação (m a.s.l.) [e]	Gama	8 ~ 7,057	3 ~ 8,454	-1 ~ 2,579
	Média	3,141	864	307
	Área inferior a 500 m:	20%	72%	75%
	Área acima 3000 m:	60%	11%	0%
Descarga (m3 s-1)	Estação	Bahadurabad	Ponte de Hardinge	Bhairab bazar

	Mais baixo	3,430[d]	530[d]	2[d]
	Mais alto	102,535[d]	70,868[d]	19,900[d]
	Média	20,000[g]	11,300[d]	4,600[d]
Utilização do solo (% área)[i]	Agricultura	19%	68%	27%
	Floresta	31%	11%	54%
Média da bacia Índice de Vegetação por Diferença Normalizada (NDVI)[j]		0.38	0.41	0.65
Número total de barragens (para fins hidroeléctricos e de irrigação)[k]		6	75	-

[a] Moffitt et al. (2011), [b] Nishat e Faisal (2000), [c] Abrams (2003),[d] BWDB (2012),[e] Estimado a partir de dados SRTM DEM por Lehner et al. (2006),[f] Gain et al. (2011),[g] Immerzeel (2008),[h] FAO-AQUASTAT (2014),[i] Estimado a partir de Tateishi et al. (2014),[j] Estimado a partir de NEO (2014),[k] Lehner et al. (2008)

1.2 Objectivos da investigação

Análises hidrometeorológicas detalhadas, incluindo a avaliação do impacto das alterações climáticas com um modelo hidrológico avançado, com o objetivo de obter informações relevantes para a política, necessárias para a adaptação às alterações climáticas, bem como para a gestão local dos recursos hídricos nas bacias do GBM, raramente foram realizadas em estudos anteriores. Por conseguinte, o principal objetivo da investigação é preencher esta lacuna, que é alcançada através dos seguintes sub-objectivos (1) criar um modelo hidrológico distribuído com uma resolução de grelha relativamente fina (10 km) através da integração de dados DEM de resolução fina (~0.5 km) para uma delimitação precisa da rede fluvial, e calibrar e validar o modelo com os dados de caudal diário observados a longo prazo; (2) investigar o impacto das alterações climáticas na hidrologia à escala da bacia, incluindo o escoamento superficial, a evapotranspiração, a humidade do solo e a radiação líquida; (3) investigar o impacto das alterações climáticas na capacidade de gestão dos extremos hidrológicos (cheias e secas) em termos do armazenamento necessário para atenuar as variações hidrológicas; e (4) investigar as alterações espácio-temporais da precipitação e do escoamento superficial na bacia mais sensível das três bacias.

1.3 Esboço do livro

O trabalho de investigação realizado para atingir os objectivos declarados é apresentado em seis capítulos, de modo a que as etapas envolvidas no estudo possam ser devidamente delineadas. O presente capítulo apresenta ao leitor os antecedentes do trabalho de investigação e a revisão de estudos anteriores. As descrições da metodologia da investigação, incluindo a modelação hidrológica e os dados utilizados nesta investigação, são apresentadas no Capítulo 2. O Capítulo 3 descreve o impacte das alterações climáticas nos processos hidrológicos. Os impactos das alterações climáticas na capacidade de gestão dos extremos hidrológicos são apresentados no Capítulo 4. O Capítulo 5 é dedicado aos resultados e discussões da análise do impacte das alterações climáticas na bacia do Meghna. Finalmente, o Capítulo 6 apresenta as conclusões, resumindo os resultados da investigação e as implicações para a futura gestão dos recursos hídricos.

Capítulo 2
2. Modelação hidrológica e metodologia de investigação
2.1 Introdução

Os antecedentes do estudo, bem como a literatura anterior neste domínio, foram descritos no Capítulo 1. Este capítulo apresenta os pormenores sobre a modelação hidrológica, a metodologia da investigação e a descrição dos dados a analisar.

2.2 Metodologia

A Figura 2-1 apresenta a metodologia utilizada neste estudo, desde a configuração do modelo hidrológico até à investigação das implicações a nível político. A metodologia pode ser dividida em duas partes principais: (1) configuração de um modelo hidrológico para projeção futura para investigar o impacto das alterações climáticas nas variáveis hidrometeorológicas e (2) análise da curva de duração utilizando a Curva de Duração das Cheias (CDC) e a Curva de Duração da Seca (CDS) para investigar o impacto das alterações climáticas na capacidade de gestão das cheias e secas destas três bacias.

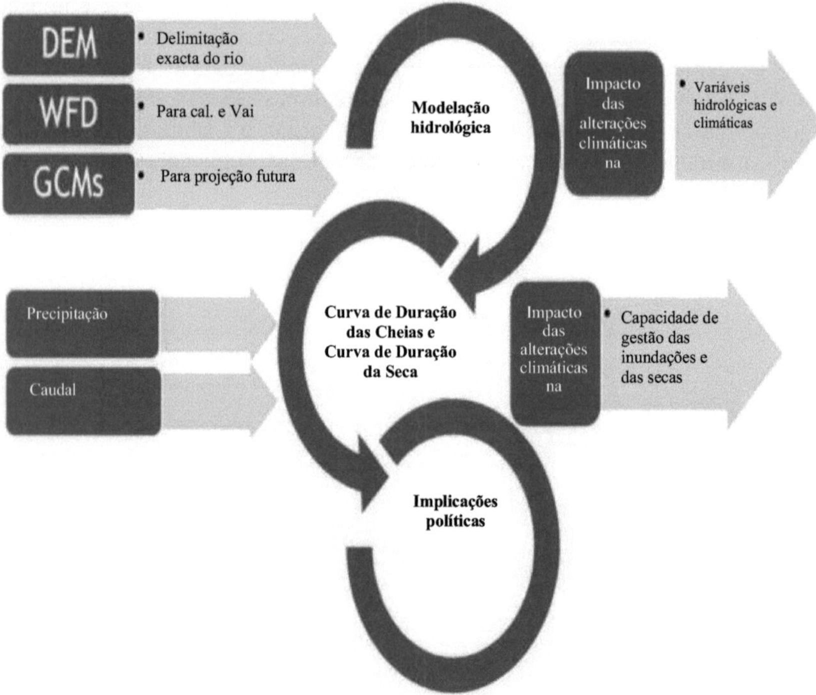

Figura 2-1. Diagrama de fluxo da metodologia com entrada (esquerda) e saída (direita).

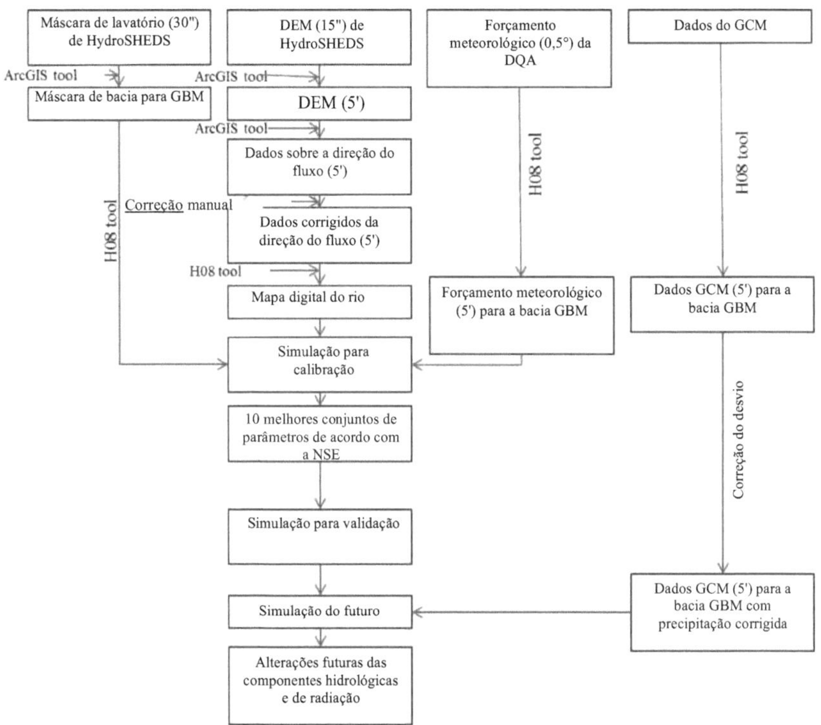

Figura 2-2. Fluxograma da metodologia seguida para a projeção futura.

A Figura 2-2 apresenta um fluxograma pormenorizado da primeira parte da metodologia. Um modelo hidrológico global H08 (Hanasaki et al., 2008; Hanasaki et al., 2014) é aplicado regionalmente sobre a bacia do GBM com uma resolução de grelha relativamente fina (10 km) através da integração de dados DEM de resolução fina (~0,5 km) para uma delimitação exacta das redes fluviais. Os dados horários de forçamento atmosférico do projeto de intercomparação de modelos Water and Global Change (WATCH) (a seguir designado por WFD, ou seja, WATCH Forcing Dataset; Weedon et al., 2011) são utilizados para as simulações históricas. O modelo foi calibrado e validado com base num conjunto de dados de longo prazo (1980-2001) raramente obtidos de caudais diários observados na bacia do GBM, fornecidos pelo Bangladesh Water Development Board (BWDB). Em relação a estudos anteriores da bacia do GBM, acredita-se que a disponibilidade deste conjunto único de dados de caudal a longo prazo pode levar a uma estimativa mais precisa dos parâmetros do modelo e, consequentemente, a simulações hidrológicas mais exactas e a uma projeção futura mais fiável da hidrologia da bacia do GBM. Para as simulações futuras, o modelo é forçado pela produção do modelo climático no cenário de emissões elevadas (RCP 8.5) a partir de cinco modelos de circulação geral atmosfera-oceano acoplados (a seguir designados por GCM), todos eles incluídos na Fase 5 do Projeto de Intercomparação de Modelos Acoplados (CMIP5; Taylor et al., 2012). Para ser coerente com os dados históricos, para cada bacia, o fator de correção mensal (ou seja, o rácio entre a precipitação mensal dos dados da DQA e a dos dados do MCG para cada mês) é aplicado aos resultados futuros de precipitação do MCG. São efectuadas três experiências temporais para os períodos actuais (1979-2003), para o futuro próximo (2015-2039) e para o futuro distante (20752099).

Na segunda parte, a análise das curvas de duração foi efectuada em séries de dados mensais de precipitação média da bacia e de caudal diário, utilizando FDCs e DDCs (Takeuchi, 1988) para investigar o impacto das alterações climáticas (a) nas características de persistência das cheias e secas e (b) na capacidade de gestão destes extremos hidrológicos em termos de gestão das variações hidrológicas. Finalmente, para investigar as alterações espácio-temporais, este estudo centrou-se na bacia do Meghna, identificada como a mais sensível das três bacias (Masood et al., 2015).

2.2.1 Modelação hidrológica: H08

O H08 é um modelo hidrológico em macro-escala desenvolvido por Hanasaki et al. (2008) que consiste em seis módulos principais: hidrologia da superfície terrestre, encaminhamento dos rios, crescimento das culturas, funcionamento das albufeiras, estimativa das necessidades de caudal ambiental e captação antropogénica de água. Para este estudo, foram utilizados apenas dois módulos, a hidrologia da superfície terrestre e o trajeto do rio. O módulo de hidrologia da superfície terrestre calcula os orçamentos de energia e água acima e abaixo da superfície terrestre, forçados pelos dados meteorológicos de alta resolução temporal.

O esquema de escoamento no H08 baseia-se no conceito de modelo de balde (Manabe, 1969), mas difere da formulação original em certos aspectos importantes. Embora o escoamento superficial seja gerado apenas quando o balde está demasiado cheio, como no modelo de balde original, o H08 utiliza uma formulação de "balde com fugas" em que o escoamento subsuperficial ocorre continuamente em função da humidade do solo. A humidade do solo é expressa como um reservatório de camada única com a capacidade de retenção de 15 cm para todos os tipos de solo e vegetação. Quando o reservatório está vazio (cheio), a humidade do solo está no ponto de murcha (a capacidade de campo). A evapotranspiração é expressa como uma função da evapotranspiração potencial e da humidade do solo (Eq. 2-2). A evapotranspiração potencial e o derretimento da neve são calculados a partir do balanço de energia da superfície (Hanasaki et al., 2008).

A evaporação potencial E_P é expressa neste modelo como

$$E_P(T_S) = \rho C_D U (q_{SAT}(T_S) - q_a) \tag{2-1}$$

Em que p é a densidade do ar, C_D é o coeficiente de transferência de massa U é a velocidade do vento, $q_{SAT}(T_S)$ é a humidade específica saturada à temperatura da superfície e q_a é a humidade específica. A evaporação de uma superfície (E) é expressa como

$$E = \beta E_P(T_S), \tag{2-2}$$

onde

$$\beta = \begin{cases} 1 & 0.75W_f \leq W \\ W/W_f & W < 0.75W_f, \end{cases} \tag{2-3}$$

em que W é o teor de água do solo e Wf é o teor de água do solo na capacidade de campo (fixado em 150 kg m^{-2}).

O escoamento superficial (Q_s) é gerado sempre que o conteúdo de água no solo excede a capacidade de campo:

$$Q_s = \begin{cases} W - W_f & W_f < W \\ 0 & W \leq W_f \end{cases}, \tag{2-4}$$

O escoamento subsuperficial (Q_{sb}) é incorporado no modelo como

$$Q_{sb} = \frac{W_f}{\tau} \left(\frac{W}{W_f}\right)^{\gamma}, \tag{2-5}$$

em que τ é uma constante de tempo e y é um parâmetro que caracteriza o grau de não linearidade de Q_{sb}.

O módulo do rio acumula o escoamento superficial gerado pelo modelo da superfície terrestre e encaminha-o para jusante como caudal. É idêntico ao modelo TRIP (total runoff integrating pathways) (Oki & Sud, 1998). O módulo tem um mapa digital de rios que cobre todo o globo com uma resolução espacial de 1° (~111 km), que é demasiado grosseira para a simulação regional deste estudo, que tem uma resolução de 10 km. Por conseguinte, um novo mapa fluvial digital com uma resolução de 10 km é preparado para este efeito através da integração de dados DEM de resolução mais fina (~0,5 km). A velocidade efectiva do fluxo e o rácio de meandros são os parâmetros mais sensíveis do módulo do rio, e os seus valores por defeito são fixados em 0,5 m s^{-1} e 1,5, respetivamente.

São calibrados quatro parâmetros do módulo de superfície terrestre do H08 (profundidade da zona radicular d, coeficiente de transferência de massa c_D que controla a evaporação potencial, e os parâmetros sensíveis ao escoamento subsuperficial, ou seja, τ e y) e dois parâmetros do módulo fluvial (velocidade efectiva do escoamento e razão de meandros). Os pormenores da seleção dos parâmetros de calibração e dos processos de calibração são apresentados nas subsecções 3.1.1 e 3.1.2.

2.2.2 Análise da curva de duração: Curva de Duração das Cheias e Curva de Duração da Seca

A curva de duração do caudal, que ilustra a relação entre a frequência e a magnitude do caudal, é o método mais utilizado no domínio da engenharia dos recursos hídricos (Vogel & Fennessey, 1995). Trata-se de uma representação gráfica da frequência, ou da fração de tempo durante a qual uma determinada magnitude de caudal é igualada ou excedida. Tem uma assinatura completa da variabilidade do caudal com o tempo (Günter Blöschl et al., 2013). No entanto, esta curva de duração do caudal pode ser apresentada de uma forma alternativa, designada por curva de duração da cheia e curva de duração da seca. Em geral, a FDC e a DDC apresentam a média extrema (mais baixa ou mais alta) de uma quantidade hidrológica (precipitação ou caudal) em diferentes períodos de duração com diferentes probabilidades de ocorrência. Por outras palavras, as curvas mostram os valores extremos de uma variável hidrológica, estimados a partir de médias móveis de várias durações. Estas curvas contêm informações que têm implicações directas na gestão dos recursos hídricos, tanto para o controlo das cheias como para a utilização eficaz da água durante uma seca. Kikkawa e Takeuchi (1975a, 1975b) definiram pela primeira vez um DDC com uma expressão matemática e propuseram-no como uma ferramenta para a caraterização hidrológica regional e para a conceção e operação de reservatórios. Takeuchi (1986) aplicou DDCs para desenvolver uma regra de operação de reservatórios em tempo real. Em seguida, Takeuchi (1988) estendeu-o a FDCs e DDCs e investigou as características de persistência hidrológica de cheias e secas em diferentes bacias. No entanto, apesar do seu potencial único de aplicabilidade, esta forma de expressar as curvas de duração foi seguida por muito poucos hidrólogos (Kyoshi et al., 1993; Matsuda, 1979).

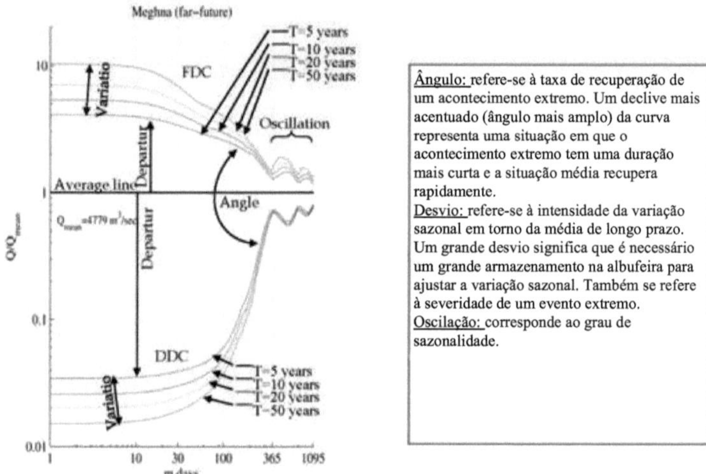

Figura 2-3. Uma curva típica de duração de cheias (FDC) e uma curva de duração de secas (DDC) de séries de descargas diárias e suas terminologias básicas

As curvas de duração apresentam os valores extremos das médias móveis da precipitação e do caudal durante o período *m* (dias ou meses) estimados a partir das séries temporais observadas ($@_A$). A variável *m foi* escolhida de acordo com a duração de interesse sobre a qual a suavização da variabilidade hidrológica é necessária para a gestão dos recursos hídricos. Neste estudo, variou de 1 a 1.095 dias para o caudal e de 1 a 36 meses para a precipitação. As equações 2-6 e 2-7 mostram as séries de máximos anuais, $@B-$ (C) e as séries de mínimos anuais, $@B-$ (C) para as médias móveis do período *m* das séries temporais $@_A$. A distribuição generalizada de valores extremos (GEV) foi aplicada a estas duas séries para estimar os valores extremos para períodos de retorno (*T*) *de* 5, 10, 20 e 50 anos, que são apresentados na Figura 2-3.

$$x_j(m) = \max_{t_1 \in jthyear} \frac{1}{m} \sum_{t=t_1}^{t_1+m-1}(x_t) \tag{2-6}$$

$$x_j^{'}(m) = \min_{t_1 \in jthyear} \frac{1}{m} \sum_{t=t_1}^{t_1+m-1}(x_t) \quad , \tag{2-7}$$

em que $\frac{1}{m}\sum_{t=t_1}^{t_1+m-1}(x_t)$ é a média de C valores consecutivos entre o tempo RD e o tempo RD + C - 1. ; = 1,..., W em que W é o número de anos para os quais estão disponíveis todas as médias móveis sobre c a partir de qualquer data R_D . W é diferente para diferentes durações das médias móveis em causa.

O FDC e o DDC do intervalo de recorrência T-ano são definidos como X,(C) eX $_T$ (C) , que são estimados a partir do conjunto de amostras das séries de máximos anuais, @B-(C) e das séries de mínimos anuais, @B- (C) , respetivamente, em que

$$f_T(m) = T - year\ return\ period\ estimate\ of\ x_j(m), j = 1, \ldots, N \qquad (2\text{-}8)$$

$$f'_{\ T}(m) = T - year\ return\ period\ estimate\ of\ x'_{\ j}(m), j = 1, \ldots, N \qquad (2\text{-}9)$$

As curvas de duração são desenhadas para a precipitação mensal média da bacia em três bacias e para o caudal diário em Bahadurabad, Hardinge Bridge e Bhairab Bazar, as saídas das três bacias. No entanto, para facilitar a comparação dos DDC e FDC entre bacias, as curvas são normalizadas no *eixo y* dividindo as suas médias a longo prazo. A partir destas figuras, é possível observar que, em geral, as FDCs diminuem à medida que a duração *m* aumenta, enquanto as DDCs aumentam. Isto deve-se ao facto de ambas as curvas se aproximarem da média a longo prazo (em direção à linha média) à medida que a duração se torna mais longa. Por outras palavras, tanto as cheias como as secas podem ser extremas durante um curto período de tempo, mas se se considerar um período mais longo, as médias tornam-se menos extremas em termos de intensidade. As características hidrológicas como a variação anual, a variação sazonal e a severidade dos eventos extremos podem ser explicadas por três indicadores: afastamento, variação e ângulo, respetivamente, das curvas de duração que foram descritas por Takeuchi (1988), mostradas na Figura 2-3. O grau de dificuldade de gestão dos fenómenos extremos depende destas características hidrológicas.

A Figura 2-4 mostra curvas de duração traçadas tanto numa escala linear como numa escala logarítmica. Ambas as formas de apresentação destas curvas têm vantagens e limitações. O gráfico linear mostra as formas reais das curvas de duração, enquanto o gráfico logarítmico mostra formas distorcidas. Por conseguinte, independentemente do aspeto relativo das curvas num papel logarítmico, as diferenças em termos de valores absolutos são muito maiores nas FDC do que nas DDC. No entanto, neste estudo, as curvas são desenhadas em escala logarítmica pelas seguintes razões:

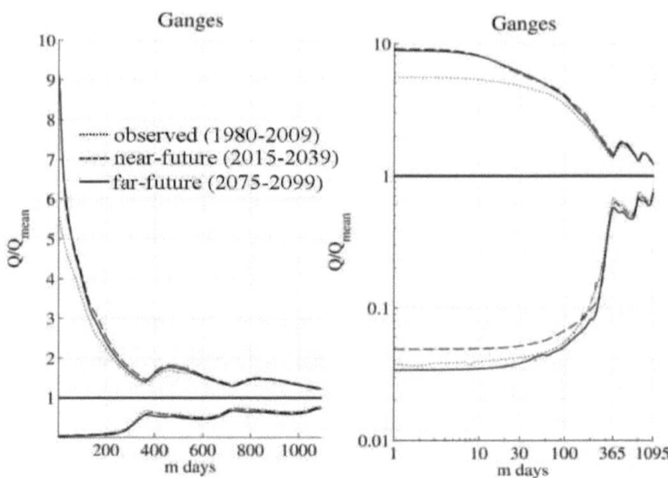

Figura 2-4. Curvas de duração de séries de caudais diários de três períodos com um período de retorno de 10 anos para o Ganges, representadas em escala linear (esquerda) e em escala logarítmica (direita).

- Tanto os FDC como os DDC podem ser mostrados e distinguidos num único gráfico se forem representados num eixo vertical logarítmico. Por conseguinte, são possíveis comparações interbacias e interperíodos tanto para os FDC como para os DDC, ao passo que num gráfico linear os DDC não podem ser claramente identificados separadamente devido a valores absolutos mais pequenos.

- Nos gráficos logarítmicos, as variações intra-anuais (m está entre 1 e 365 dias) nos FDC e DDC são facilmente visíveis. Por conseguinte, os três indicadores importantes das curvas de duração podem ser distinguidos e comparados facilmente para diferentes bacias e períodos.

2.3 Dados a analisar

As informações básicas e as características (tipo, fonte, resolução e período dos dados) dos dados de entrada utilizados neste estudo estão resumidas na Tabela 2-1.

2.3.1 Conjuntos de dados de Forçamento Meteorológico

O WATCH Forcing Dataset (Weedon et al., 2011) é utilizado para acionar o modelo H08 para a simulação histórica. As variáveis WFD, incluindo a precipitação, a queda de neve, a pressão à superfície, a temperatura do ar, a humidade específica, a velocidade do vento, a radiação descendente de onda longa e a radiação descendente de onda curta, foram retiradas do produto de reanálise ERA-40 do Centro Europeu de Previsão Meteorológica a Médio Prazo (ECMWF). Os dados da reanálise ERA com a resolução de um grau foram interpolados para a resolução de meio grau na máscara terrestre da Unidade de Investigação Climática da Universidade de East Anglia (CRU), ajustados para alterações de elevação, quando necessário, e corrigidos com base em observações mensais. A WFD é considerada um dos melhores conjuntos de dados disponíveis de forçagem climática global por fornecer uma representação precisa de eventos meteorológicos, atividade sinóptica, ciclos sazonais e tendências climáticas (Weedon et al., 2011). Os estudos de Lucas-Picher et al. (2011) e Siderius et al. (2013)

concluíram que, para o Sul da Ásia e o Ganges, respetivamente, a precipitação do WFD é consistente com o APHRODITE (Yatagai et al., 2012), um produto de precipitação em grelha (0,25°) para a região do Sul da Ásia desenvolvido com base numa grande quantidade de dados de pluviómetros. Para informações pormenorizadas sobre a WFD, ver Weedon et al. (2011) e Weedon et al. (2010). Os valores de albedo baseiam-se nos dados mensais de albedo do Segundo Projeto Global de Humidade do Solo (GSWP2).

Tabela 2-1 *Dados de entrada básicos utilizados neste estudo*

Tipo	Descrição	Fonte/Referência(s)	Resolução espacial original n	Período	Observações
Dados físicos	Mapa Digital de Elevação (DEM)	HydroSHE DS[a] (HydroSHE DS, 2014)	15" (~0,5 km)	-	Dados globais
	Máscara de bacia	HydroSHE DS[a] (HydroSHE DS, 2014)	30" (~1 km)	-	
Dados meteorológicos		DQA[b] (Weedon et al., 2010; Weedon et al., 2011)	0.5°	1980-2001	Os dados de 5' (~10 km-mesh) foram preparados por interpolação linear para este estudo
		GSWP2[c]	1°	1980-1990	Os dados médios mensais de 5' (~10 km-mesh) foram preparados para este estudo

Dados hidrológicos	Nível da água, descarga	Conselho de Desenvolvimento da Água do Bangladesh (BWDB)	Aferido	1980-2012	Dados sobre o nível da água (diariamente) e a descarga (semanalmente) nas saídas de três bacias, ou seja, a bacia do Ganges em Hardinge Bridge, a bacia do Brahmaputra em Bahadurabad e a bacia do Meghna em Bhairab Bazar, obtidos do BWDB.
	Descarga	Dados de escoamento global Centro (GRDC)	Aferido	1949-1973 (Farakka), 1975-1979 (Pandu), 1969-1992 (Teesta) com dados em falta	Dados da descarga (mensal) em três estações a montante, isto é, em Farakka (Ganges), Pandu (Brahmaputra) e Teesta (Brahmaputra).
Dados do GCM	Precipitação, queda de neve, pressão à superfície, temperatura do ar, humidade específica, velocidade do vento, radiação descendente de onda longa, radiação descendente de onda curta	MRI-AGCM3.2S d	0.25° (~20 km-malha)	1979-2003, 2015-2039, 2075-2099	O desvio do conjunto de dados de precipitação foi corrigido através da multiplicação utilizando o coeficiente de correção mensal (rácio entre a precipitação média mensal de longo prazo da DQA e a de cada MCG) para cada bacia do GBM
		MIROC5	1.41x1.39°		
		MIROC- ESM	2.81x2.77°		
		MRI-CGCM3	1.125x1.11°		
		HadGEM2- ES	1.875x1.25°		

[a]HydroSHEDS são dados hidrológicos e mapas baseados em derivados de elevação de vaivém a várias escalas,

[b]A DQA é um dado forçador de água

[c]GSWP2 é o segundo projeto global sobre a humidade do solo

[d]MRI-AGCM é o Modelo de Circulação Geral Atmosférica do Instituto de Investigação Meteorológica

2.3.2 Dados hidrológicos

Os dados observados do nível da água do rio (diariamente) e da descarga (semanalmente) de 1980 a 2012 para as estações hidrológicas localizadas no interior do Bangladesh (as saídas das três bacias mostradas na Figura 1-1, ou seja, a bacia do Ganges em Hardinge Bridge, a bacia do Brahmaputra em Bahadurabad e a bacia do Meghna em Bhairab Bazar) foram fornecidos pela Divisão de Hidrologia, Bangladesh Water Development Board (BWDB). Os níveis de água do rio foram medidos regularmente cinco vezes por dia (às 6h, 9h, 12h, 15h e 18h) e as descargas foram medidas semanalmente pelo método da velocidade-área. Uma vez que o rio Brahmaputra é altamente entrançado, as medições das descargas em Bahadurabad foram efectuadas em múltiplos canais. Em contraste, o rio Meghna em Bhairab Bazar é sazonalmente de maré; após a retirada da monção, o rio perto desta estação torna-se de maré, e de dezembro a maio o rio mostra uma maré horizontal e uma maré vertical (Chowdhury & Ward, 2004). Sob esta condição, durante a estação seca, as medições de descarga de maré foram feitas nesta estação uma vez por mês. As descargas diárias foram calculadas a partir dos dados diários do nível de água, utilizando as equações de classificação desenvolvidas pelo Institute of Water Modeling (IWM, 2006) para os rios Ganges e Brahmaputra e utilizando as equações de classificação desenvolvidas por Masood et al. (2015) para o rio Meghna. Os dados de descarga (mensais) de mais três estações (Farakka, Pandu e Teesta) localizadas a montante destas bacias (Figura 1-1) foram recolhidos do Global Runoff Data Centre (GRDC) e também foram úteis para efeitos de validação do modelo.

2.3.3 Dados topográficos

Os dados DEM foram recolhidos a partir dos dados hidrológicos e mapas baseados no SHuttle Elevation Derivatives at multiple Scales (HydroSHEDS, 2014). Oferece um conjunto de conjuntos de dados geo-referenciados (vectoriais e raster), incluindo redes de cursos de água, limites de bacias hidrográficas, direcções de drenagem e camadas de dados auxiliares, tais como acumulações de caudal, distâncias e informações sobre a topologia do rio (Lehner et al., 2006). Os dados do HydroSHEDS foram obtidos a partir dos dados de elevação da Shuttle Radar Topography Mission (SRTM) com uma resolução de cerca de 0,5 km. Avaliações preliminares da qualidade indicaram que a exatidão do HydroSHEDS excede significativamente a dos mapas globais de bacias hidrográficas e rios existentes (Lehner et al., 2006).

2.3.4 Dados do GCM

Neste estudo, foram utilizados dados climáticos de cinco modelos climáticos CMIP5-MIROC5, MIROC-ESM, MRI-CGCM3, HadGEM2-ES (na via de concentração representativa RCP 8.5) e MRI-AGCM3.2S (na via SRES A1B)-como dados forçadores para futuras simulações hidrológicas (ver Apêndice B, Tabela B1). Os dados climáticos foram interpolados a partir das resoluções originais dos modelos climáticos (variando de 0,25 *0,25° a 2,8 *2,8°) para $5'$ *$5'$ (malha de ~10 km) utilizando interpolação linear (quatro pontos mais próximos). Para serem consistentes com a simulação histórica forçada pelo WFD, os dados de precipitação forçada em cada bacia do GBM de cada GCM foram corrigidos multiplicando-os por um fator de correção mensal igual ao rácio entre a precipitação média a longo prazo da bacia do

WFD e a de cada GCM para todos os meses. Entre estes GCM, o MRI-AGCM3.2S (em que o *S* se refere a "super-alta resolução") fornece dados de forçagem atmosférica de maior resolução (20 km), o que mostra melhorias na simulação de precipitação intensa, na distribuição global de ciclones tropicais e na marcha sazonal da monção de verão do Leste Asiático (Mizuta et al., 2012). O conjunto de dados de forçagem MRI-AGCM3.2S foi utilizado em vários estudos recentes sobre o impacto das alterações climáticas centrados no Sul da Ásia (Endo et al., 2012; Kwak et al., 2012; Rahman et al., 2012).

Capítulo 3
3. Impacto das alterações climáticas nos processos hidrológicos[*]
3.1 Desempenho do modelo
3.1.1 Sensibilidade dos parâmetros

A simulação de amostragem de parâmetros é efectuada para investigar a sensibilidade dos parâmetros do modelo H08 aos resultados da simulação. Os parâmetros mais sensíveis no H08 incluem a profundidade da zona radicular d [m], o coeficiente de transferência de massa c_D [-] que controla a evaporação potencial (Eq. 2-1) e os parâmetros sensíveis ao escoamento subterrâneo, ou seja, τ [dia] e γ [-] (Eq. 2-5; Hanasaki et al., 2014), pelo que são tratados como parâmetros de calibração neste estudo. O parâmetro τ é uma constante de tempo que determina o escoamento subsuperficial máximo diário. O parâmetro y é um parâmetro de forma que controla a relação entre o escoamento subsuperficial e a humidade do solo (Hanasaki et al., 2008). Os valores predefinidos dos parâmetros no H08 são 1 m para d, 0,003 para c_D, 100 dias para t e 2 para y. Para cada um destes quatro parâmetros, foram seleccionados cinco valores diferentes das suas gamas físicas viáveis. As simulações de amostragem de parâmetros do modelo H08 foram efectuadas utilizando todas as combinações de quatro parâmetros, que consistiram num total de 5^4 (= 625) simulações, todas realizadas utilizando os mesmos 11 anos (1980-1990) de dados de forçamento atmosférico do WFD.

A Figura 3-1 apresenta os ciclos sazonais médios a longo prazo de 11 anos do escoamento total simulado, do escoamento superficial e do escoamento subsuperficial da bacia do Brahmaputra. Cada uma das cinco linhas em cada painel representa a média de 5^3 (=125) execuções com um dos 4 parâmetros de calibração fixado num determinado valor. Como se pode ver, a sensibilidade global dos parâmetros do modelo selecionado à divisão do escoamento é elevada. Quando d é baixo, o escoamento superficial é elevado (devido a uma área fraccionada saturada mais elevada; Figura 3-1 b). À medida que d aumenta, o escoamento subsuperficial aumenta e o escoamento superficial diminui (Figura 3-1 c e b). Devido a estes efeitos de compensação, o efeito de d no escoamento total torna-se mais complexo: de março a agosto, um d mais elevado provoca um escoamento total mais baixo, mas a tendência inverte-se a partir de agosto na bacia do Brahmaputra. Comportamentos semelhantes podem ser observados para as outras duas bacias (figura não mostrada).

O parâmetro c_D é o coeficiente de transferência de massa no cálculo da evaporação potencial (Eq. 2-1), pelo que o seu efeito no escoamento superficial é relativamente pequeno (Figura 3-1 d-f). No entanto, um c_D mais elevado provoca uma maior evaporação e, consequentemente, um menor escoamento superficial (tanto à superfície como subterrâneo; Eq. 2-4 e Eq. 2-5). A sensibilidade do parâmetro y ao escoamento superficial é também menor do que a de d e τ. À medida que y aumenta, o escoamento superficial aumenta e o escoamento subsuperficial diminui (Figura 3-1 h, i). A sensibilidade global de γ ao escoamento total torna-se insignificante devido aos

[*]Uma parte substancial do capítulo foi publicada com o título "Model study of the impacts of future climate change on the hydrology of Ganges-Brahmaputra-Meghna basin" na revista Hydrology and Earth System Sciences, 19(2), page: 747-770. doi:10.5194/hess-19-747-2015.

efeitos de compensação (Figura 3-1g).

Como se mostra na Eq. (2-5) e na Figura 3-1k-l, o parâmetro t tem um impacto crítico na partição do escoamento superficial e subsuperficial. Um t maior corresponde a um escoamento superficial maior e, consequentemente, a um escoamento subsuperficial menor (Figura 3-1k-l), mas tem um impacto relativamente pequeno no escoamento total (Figura 3-1j).

Estes quatro parâmetros de calibração têm influências combinadas na partição do escoamento total, bem como nas simulações de outras variáveis hidrológicas. Resumindo, (a) a sensibilidade de d ao escoamento total é complexa e a tendência é inversa entre as duas metades de um ano; (b) os parâmetros d e t têm um impacto significativo na partição do escoamento, enquanto c_D e y têm menos sensibilidade à simulação do escoamento; e (c) a influência de d e t é inversa entre o escoamento superficial e subsuperficial, de modo que o escoamento superficial aumenta à medida que d diminui e t aumenta.

A Tabela 3-1 apresenta as 10 combinações de parâmetros de melhor desempenho seleccionadas de acordo com o coeficiente de eficiência de Nash-Sutcliffe (NSE; Nash & Sutcliffe, 1970) para as três bacias, e a Figura 3-2 e traça as bandas de incerteza das descargas simuladas utilizando estas combinações de parâmetros. Observa-se que a partir dos 10

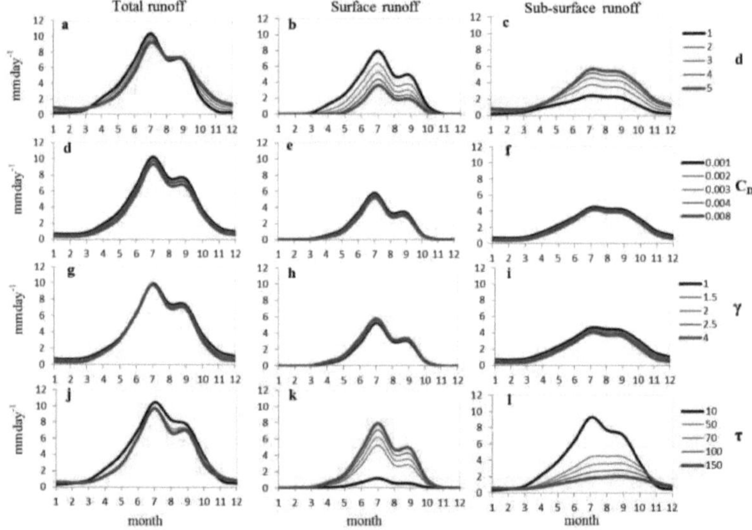

Figura 3-1. Os ciclos sazonais médios de 11 anos (1980-1990) do escoamento total simulado, escoamento superficial e escoamento sub-superficial (unidade: mm dia^{-1}) na bacia do Brahmaputra. Cada uma das cinco linhas em cada painel representa a média de s_3 (=125) execuções com um dos quatro parâmetros de calibração fixado num determinado valor razoável.

As combinações de parâmetros de melhor desempenho que, no caso da bacia do Brahmaputra, o t ótimo é 150, c_D é 0,001, e d e y variam entre 3 e 5 e 1,0 e 2,5, respetivamente. Observa-se também que a dispersão da banda de incerteza se localiza principalmente em torno do período de baixo caudal (estação seca de novembro a março; Figura 3-2 e). Não se gera escoamento superficial na estação seca, quando a humidade do solo é inferior à capacidade de campo (Eq. 2-4 e Figura 3-1b). A dispersão das bandas de incerteza deve-se principalmente às variações de d e y. À medida que d aumenta, o escoamento subsuperficial aumenta (Figura 3-1c e Figura 3-2 e). Por outro lado, no caso das bacias do Ganges e Meghna, a dispersão das bandas de incerteza é observada ao longo de todo o ano (tanto nos regimes de caudal baixo como nos de caudal máximo). Entre as 10 combinações de parâmetros de melhor desempenho para o Ganges (Meghna), verifica-se que o parâmetro CD é 0,008 (0,008), t é 150 (50), d e y variam de 4 a 5 (4 a 5) e 2,5 a 4 (1,5 a 2), respetivamente. No período seco, quando o escoamento superficial é quase nulo, o escoamento subsuperficial aumenta à medida que d aumenta. Um CD mais elevado provoca uma maior evaporação, que também influencia o escoamento superficial (Eq. 2-1). Como já foi referido, a influência de d no escoamento total é complexa, o que resulta na variação do escoamento simulado ao longo do ano. A dispersão das bandas de incerteza é grande no período de caudal máximo porque a sensibilidade do escoamento superficial e subsuperficial também é grande em relação ao valor de d (não mostrado).

3.1.2 Calibração e validação

A simulação histórica de 1980 a 2001 está dividida em dois períodos, sendo a primeira metade (1980-1990) o período de calibração e a segunda metade (1991-2001) o período de validação. As informações básicas e as características (localização, área de drenagem e períodos de dados observados disponíveis) das seis estações de validação no GBM estão resumidas na Tabela 3-2. O desempenho do modelo é avaliado comparando os caudais diários observados e simulados pelo NSE (Nash & Sutcliffe, 1970), a função objetiva óptima para avaliar o ajuste global de um hidrograma (Sevat & Dezetter, 1991). Foi efectuada uma série de análises de sensibilidade dos parâmetros do H08, a partir das quais foram determinados 10 conjuntos de parâmetros de melhor desempenho, utilizando a simulação de amostragem de parâmetros, tal como referido anteriormente, e esses conjuntos de parâmetros foram utilizados para quantificar a incerteza nas simulações históricas e futuras que se seguem.

A Figura 3-2 apresenta as comparações dos hidrogramas diários nas saídas das três bacias hidrográficas com as observações diárias correspondentes para os períodos de calibração e validação. Os NSEs obtidos para o período de calibração (validação) foram 0,84 (0,78), 0,80 (0,77) e 0,84 (0,86), enquanto os desvios percentuais (PBIAS) foram 0,28% (6,59%), 1,21% (2,23%) e -0,96% (3,15%) para as bacias do Brahmaputra, Ganges e Meghna, respetivamente. Para todas as bacias, o erro quadrático médio relativo (RRMSE), o coeficiente de correlação (cc) e o coeficiente de determinação (R^2) para o período de calibração (validação) variaram de 0,32 a 0,60 (0,32 a 0,59), 0,91 a 0,93 (0,89 a 0,94) e 0,82 a 0,86 (0,79 a 0,88), respetivamente. Estes índices estatísticos (Tabela 3-3) sugerem que o desempenho do modelo foi globalmente satisfatório. Para avaliar melhor o desempenho do modelo nas estações a montante, foram utilizados os dados de descarga mensal em três estações a montante (Farakka, Pandu e Teesta) recolhidos do Global Runoff Data Centre para comparar com as simulações do modelo, e o resultado mostra que o ciclo sazonal médio do caudal simulado corresponde bem às observações GRDC correspondentes nestas três estações a montante (ver Apêndice A).

3.1.3 Incerteza na projeção devido aos parâmetros do modelo

Nas últimas décadas, juntamente com o aumento do poder computacional, tem havido uma tendência para aumentar a complexidade dos modelos hidrológicos, a fim de captar os fenómenos naturais com maior precisão. No entanto, o aumento da complexidade dos modelos hidrológicos não melhora necessariamente o seu desempenho em condições não observadas devido à incerteza dos valores dos parâmetros do modelo (Carpenter & Georgakakos, 2006; Tripp & Niemann, 2008). Um aumento da complexidade pode melhorar o desempenho da calibração devido à maior flexibilidade no comportamento do modelo, mas a capacidade de identificar os valores correctos dos parâmetros é normalmente reduzida (Wagener et al., 2003). As simulações de modelos com combinações múltiplas de conjuntos de parâmetros podem ter um desempenho igualmente bom na reprodução das observações. Outra fonte de incerteza provém do pressuposto de que os parâmetros do modelo são estacionários, o que constitui uma das principais limitações na modelação dos efeitos das alterações climáticas. Os parâmetros do modelo são normalmente estimados nas condições climáticas actuais como base para a previsão das condições futuras, mas os parâmetros com melhor desempenho podem não ser estacionários ao longo do tempo (Mirza & Ahmad, 2005a). Por conseguinte, a incerteza nas projecções futuras devido à especificação dos parâmetros do modelo pode ser crítica (Coron et al., 2012; Merz et al., 2011; Vaze et al., 2010), embora seja geralmente ignorada na maioria dos estudos de impacto das alterações climáticas (Lespinas et al., 2014). Os resultados obtidos por Vaze et al. (2010) indicaram que os parâmetros do modelo podem geralmente ser utilizados para estudos de impacto climático quando o modelo é calibrado utilizando mais de 20 anos de dados e quando a precipitação futura não é mais de 15% inferior ou 20% superior à do período de calibração. No entanto, Coron et al. (2012) detectaram um nível significativo de erros nas simulações devido a esta incerteza e sugeriram mais investigação para melhorar os métodos de diagnóstico da transferibilidade dos parâmetros num clima em mudança. Com o objetivo de minimizar esta incerteza dos parâmetros, os resultados médios das 10 simulações que utilizam os 10 conjuntos de parâmetros com melhor desempenho são considerados os resultados da simulação para os dois períodos futuros neste estudo. Além disso, a propagação da incerteza nos resultados da simulação devido à incerteza nos parâmetros de modo será quantificada e comparada entre várias variáveis hidrológicas neste estudo.

Tabela 3-1 *Parâmetros sensíveis no modelo H08 e 10 combinações de parâmetros de melhor desempenho em 625 simulações*

Bacia	Combinações de parâmetros	Profundidade do solo, d	Coeficiente de transferência a granel, C_D	Parâmetro de escoamento, Y	Parâmetro de escoamento superficial (constante de tempo), T
Brahmaputra	1	3	0.001	1	150
	2	3	0.001	1.5	150

	3	3	0.001	2	150
	4	2	0.001	1	150
	5	4	0.001	2	150
	6	4	0.001	2.5	150
	7	2	0.001	1	100
	8	3	0.002	1	150
	9	2	0.002	1	100
	10	4	0.001	1.5	150
Ganges	1	4	0.008	4	150
	2	5	0.008	4	150
	3	3	0.008	4	150
	4	4	0.008	2.5	150
	5	4	0.008	4	100
	6	5	0.004	4	150
	7	3	0.008	2.5	150
	8	4	0.008	2	150
	9	3	0.008	2	150
	10	3	0.008	4	100
Meghna	1	5	0.008	1	50
	2	5	0.008	1.5	50
	3	5	0.004	1	50
	4	5	0.003	1	50
	5	5	0.008	2	50
	6	5	0.004	1.5	50
	7	5	0.008	1	70
	8	5	0.002	1	50
	9	5	0.003	1.5	50
	10	5	0.008	2.5	50

Os limites superior e inferior da incerteza das variáveis hidrometeorológicas estão representados na Figura 3-3 para todos os períodos de simulação. Pode ver-se na figura que a banda de incerteza do escoamento superficial é relativamente estreita (o coeficiente de variação [CV] varia entre 3 e 7,6% entre as três bacias), o que indica que o escoamento superficial futuro é bem previsível através de simulações de modelos. Além disso, a partir da Figura 3-2 e observa-se que não há incerteza significativa no pico de descarga simulado para os rios Brahmaputra e Meghna. Uma menor incerteza na simulação do escoamento superficial é altamente desejável para estudos de impacto das alterações climáticas, tais como avaliações de risco de inundação em que a estimativa do escoamento superficial (especialmente o caudal de pico) é o foco principal. No entanto, uma banda de incerteza relativamente grande do escoamento superficial pode ser encontrada no Ganges na estação húmida (Figura 3-3 d2), o que pode ser devido ao facto de a utilização da água a montante (desvio) no Ganges não estar bem representada no modelo. Note-se que a menor incerteza na projeção do escoamento superficial em relação a outras variáveis era de esperar, uma vez que o modelo foi calibrado e validado com base no caudal observado na saída da bacia. A incerteza na projeção do ET também é menor (CV: 3,6-11,3%; SD: 0,1-0,4), o que pode estar relacionado com a banda de incerteza mais estreita da radiação líquida (CV: 1,8-8,6%; SD: 1,8-5,6). Por outro lado, a projeção da humidade do solo é bastante incerta para as três bacias (CV: 14,4-31%; SD: 35-104). A grande incerteza na previsão da humidade do solo pode ser um problema sério e significativo na gestão do uso do solo e na agricultura, o que realça a importância crítica de (a) uma parametrização adequada da física da água do solo no modelo, (b) um mapa regional de solos fiável para a especificação dos parâmetros do modelo e (c) observações da humidade do solo para a calibração e validação do modelo.

Tabela 3-2 *Informação básica das estações de validação de caudal na bacia do GBM*

Nome da bacia	Brahmaputra			Ganges		Meghna
Nome da estação	Bahadurabad	Pandu	Teesta	Ponte de Hardinge	Farakka	Bhairab bazar
Latitude	25.18° N	26.13° N	25.75° N	24.08° N	25° N	25.75° N
Longitude	89.67° E	91.7° E	89.5° E	89.03° E	87.92° E	89.5° E
Área de drenagem (km)^2	583,000	405,000	12,358	907,000	835,000	65,000
Período de dados observados disponíveis (com falta)	1980-2001	1975 1979	1969 1992	1980-2001	1949-1973	1980 2001

3.2 Processos hidrológicos

O modelo H08 calibrado é aplicado às simulações para os três períodos de tempo seguintes: o presente (1979-2003), o futuro próximo (2015-2039) e o futuro distante (2075-2099). A simulação atual utilizou dados históricos de forçamento climático da DQA e do MCG, e a simulação futura utilizou apenas dados de forçamento do MCG. Os resultados da simulação para os dois períodos futuros são então comparados com a simulação do período atual (1979-2003) forçada pelo MCG para avaliar o efeito das alterações climáticas na hidrologia e nos recursos hídricos do GBM em termos de precipitação, temperatura do ar, evapotranspiração, humidade do solo e radiação líquida. Os resultados são apresentados nas subsecções seguintes.

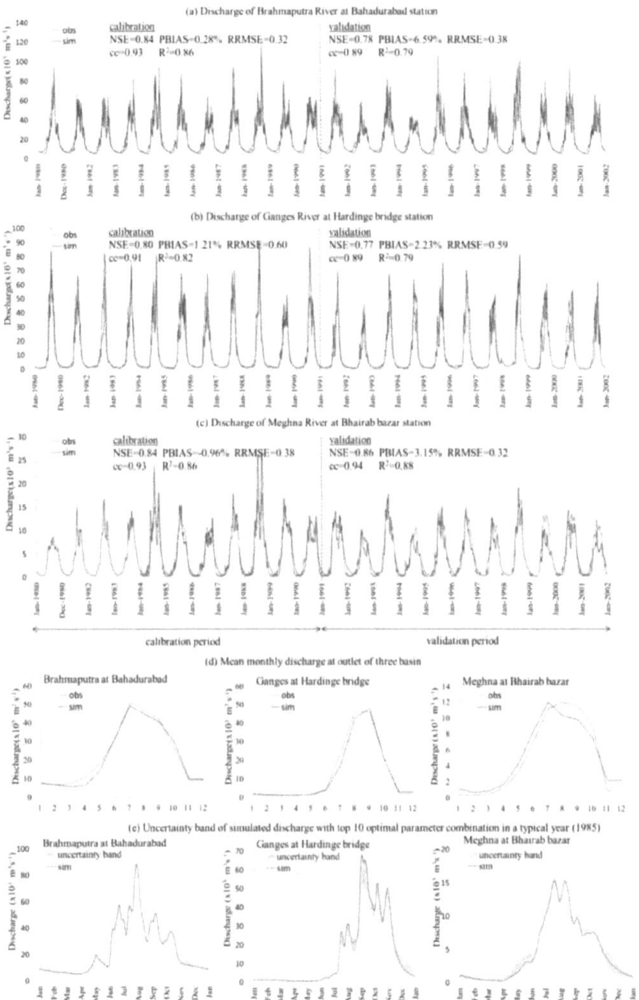

Figura 3-2. As descargas simuladas (linha vermelha) utilizando os dados forçadores da DQA (período de calibração e validação) comparadas com as observações (linha verde) nas saídas do rio (a) Brahmaputra, (b) Ganges, (c) Meghna, e (d) descargas simuladas médias mensais (1980-2001) comparadas com as das observações nas saídas, (e) descargas simuladas utilizando os 10 conjuntos de parâmetros óptimos (linha vermelha) e as bandas de incerteza associadas (sombreado verde) num ano típico (1985). A eficiência de Nash-Sutcliffe (NSE), a percentagem de enviesamento (PBIAS), o erro quadrático médio relativo (RRMSE), o coeficiente de correlação (cc) e o coeficiente de determinação (R^2) para os períodos de calibração e validação são registados nos subplot (a), (b) e (c).

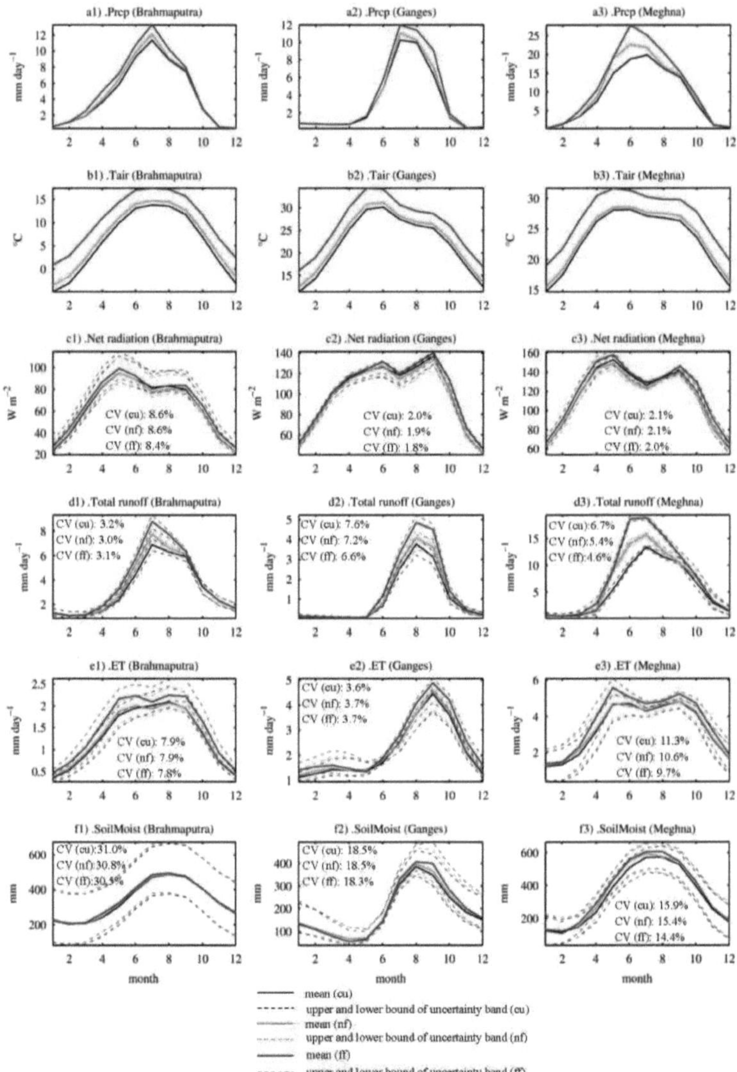

Figura 3-3 (a1)-(f3). A média (linha sólida) e os limites superior e inferior (linha tracejada) da banda de incerteza das quantidades hidrológicas e das componentes da radiação líquida para as simulações do presente (preto), do futuro próximo (verde) e do futuro longínquo (vermelho), conforme determinado a partir de 10 resultados de simulação, considerando 10 conjuntos de parâmetros óptimos de acordo com a eficiência de Nash-Sutcliffe (NSE) (cu: presente, nf: futuro próximo, ff: futuro longínquo).

Os coeficientes de variação (CV) para todos os períodos (Quadro 3-4) são anotados em cada subparcela.

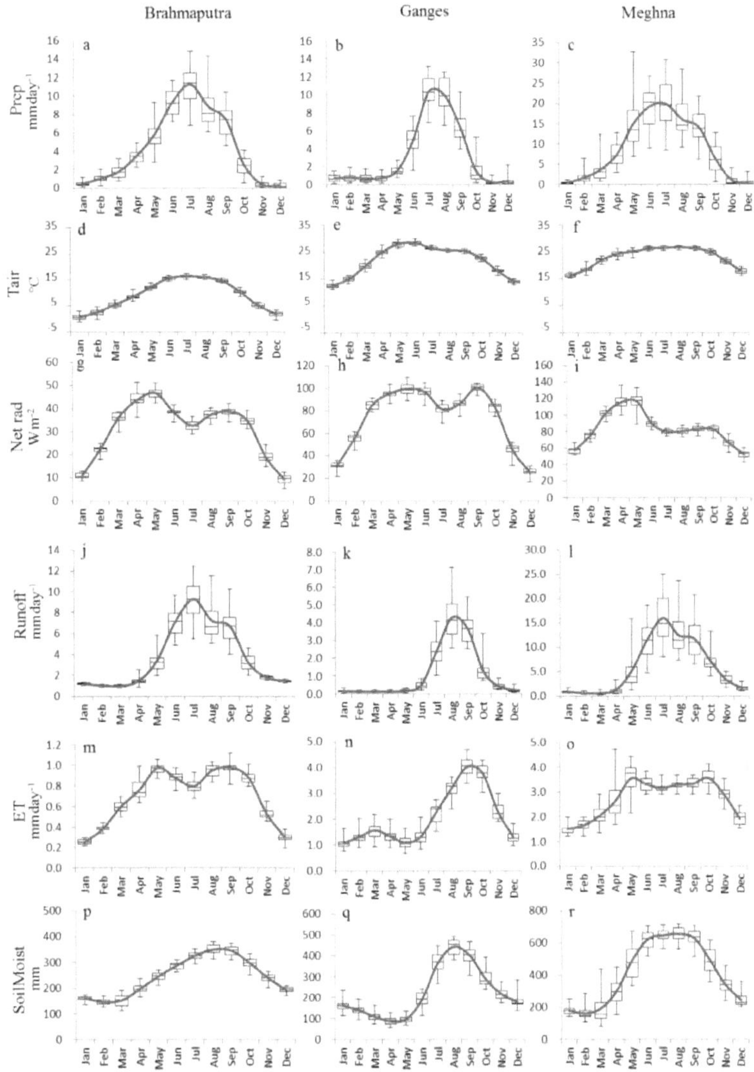

Figura 3-4 (a)-(r). Ciclo sazonal das quantidades climáticas e hidrológicas durante 19802001. Os gráficos de caixa e bigodes indicam o mínimo e o máximo (bigodes), os percentis 25 e 75 (extremidades da caixa) e a mediana (barra média sólida preta). A linha curva sólida representa o valor médio interanual. Todos os termos abreviados aqui referem-se à Tabela 3-5.

Tabela 3-3 *Índices estatísticos que medem o desempenho do modelo em três bacias do GBM durante o período de calibração e validação, considerando o melhor conjunto de parâmetros do modelo*

Índices estatísticos	Brahmaputra		Ganges		Meghna	
	Calibração	Validação	Calibração	Validação	Calibração	Validação
Eficiência de Nash-Sutcliffe (NSE)	0.84	0.78	0.80	0.77	0.84	0.86
Percentagembias (PBIAS)	0.28%	6.59%	1.21%	2.23%	0.96%	3.15%
Erro quadrático médio (RRMSE)	0.32	0.38	0.60	0.59	0.38	0.32
Coeficiente de correlação (cc)	0.93	0.89	0.91	0.89	0.93	0.94
Coeficiente de determinação ($R2$)	0.86	0.79	0.82	0.79	0.86	0.88

3.2.1 Ciclo sazonal

A Figura 3-4 apresenta os ciclos sazonais médios de 22 anos (1980-2001) das grandezas climáticas (a partir do forçamento da DQA) e hidrológicas (a partir de simulações de modelos), em média, nas três bacias (as quantidades médias anuais correspondentes destas variáveis são apresentadas na Tabela 3-5). A Figura 3-2 mostra também um gráfico de caixa e bigode que representa a gama de variabilidade para cada mês. A variação interanual da precipitação no Brahmaputra e no Meghna é elevada de maio a setembro (Figura 3-4 a, c), enquanto no Ganges é elevada de junho a outubro. No entanto, a magnitude da precipitação difere substancialmente entre as três bacias. O Meghna tem uma precipitação significativamente mais elevada do que as outras duas bacias (Tabela 3-5), e a precipitação máxima (mensal) durante 1980-2001 ocorre em maio com a magnitude de 32 mm dia^{-1} , enquanto que as do Brahmaputra e do Ganges ocorrem em julho com as magnitudes de 15 mm dia^{-1} e 13 mm dia^{-1} , respetivamente. Além disso, a sazonalidade do escoamento superficial nas três bacias corresponde bem à da precipitação. O escoamento (Figura 3-4 j-l) no Ganges é muito mais baixo (o máximo mensal de 4,3 mm dia^{-1} em agosto) do que nas outras duas bacias (o máximo mensal de 9,3 mm dia^{-1} no Brahmaputra e 15,9 mm dia^{-1} no Maghna, ambos em julho). Além disso, a ET no Brahmaputra é significativamente mais baixa (251 mm ano^{-1}) do que nas outras duas bacias (748 mm ano^{-1} no Ganges e 1000 mm ano^{-1} no Meghna). As magnitudes contrastantes da ET entre as três bacias são atribuíveis a múltiplas razões: diferenças de elevação, quantidades de água superficial a evaporar, temperatura do ar e, possivelmente, situações de vento e irradiância solar. A ET mais baixa na bacia do Brahmaputra deve-se provavelmente à temperatura do ar mais fria, à maior altitude e à menor área de vegetação. O índice de vegetação de diferença normalizada (NDVI) médio da bacia do Brahmaputra é de 0,38, enquanto os do Ganges e do Meghna são de 0,41 e 0,65, respetivamente (NEO, 2014). No entanto, os padrões de variabilidade sazonal da ET no Brahmaputra e no Meghna são bastante semelhantes, exceto que há uma queda em julho no Brahmaputra (Figura 3-4 m-o). A ET é relativamente estável de maio a outubro no Brahmaputra e no Meghna, em contraste com a do Ganges, onde a ET não atinge o seu pico até setembro. Finalmente, tanto o padrão como a magnitude das variações sazonais da humidade do solo são bastante diferentes entre as três bacias (Figura 3-4 p-r). No entanto, o pico da humidade do solo ocorre consistentemente em agosto nas três bacias.

Tabela 3-4 *Índices estatísticos (o coeficiente de variação [CV] e o desvio padrão [SD]) da incerteza nas simulações do modelo devido à incerteza nos parâmetros do modelo*

Variável	Período	Brahmaputra		Ganges		Meg	hna
		Coeficiente de variação (CV) da média (Figura 33) (%)	Desvio-padrão (DP) da média (Figura 3-3)	Coeficiente de variação (CV) da média (Figura 33) (%)	Desvio-padrão (DP) da média (Figura 3-3)	Coeficiente de variação (CV) da média (Figura 33) (%)	Desvio-padrão (DP) da média (Figura 3-3)

	Dia de hoje	8.6	5.4	2.0	2.0	2.1	2.4
Radiação líquida	Futuro próximo	8.6	5.4	1.9	1.9	2.1	2.3
	Futuro distante	8.4	5.6	1.8	1.8	2.0	2.4
	Dia de hoje	3.2	0.1	7.6	0.1	6.7	0.4
Escoamento total	Futuro próximo	3.0	0.1	7.2	0.1	5.4	0.4
	Futuro distante	3.1	0.1	6.6	0.1	4.6	0.4
ET	Dia de hoje	7.9	0.1	3.6	0.1	11.3	0.4

	Futuro próximo	7.9	0.1	3.7	0.1	10.6	0.4
	Futuro distante	7.8	0.1	3.7	0.1	9.7	0.4
	Dia de hoje	31.0	103.7	18.5	34.5	15.9	53.5
Humidade do solo	Futuro próximo	30.8	104.1	18.5	35.5	15.4	54.5
	Futuro distante	30.5	103.7	18.3	36.1	14.4	51.6

A Figura 3-4 d-f apresenta o ciclo sazonal médio de 22 anos da temperatura média do ar na bacia (Tair). O Brahmaputra é muito mais frio (temperatura média de 9,1°C) do que o Ganges (21,7°C) e o Meghna (23,0°C). A Figura 3-4 (g-i) traça o ciclo sazonal médio da radiação líquida nas três bacias. O padrão sazonal da radiação líquida é semelhante, mas as magnitudes diferem significativamente entre as três bacias: A radiação líquida média é de ~31, 74, e 84 W m^{-2} no Brahmaputra, Ganges, e Meghna, respetivamente, enquanto a radiação líquida máxima (média mensal) é de ~47,100 e 117 W m^{-2} , respetivamente, nestas três bacias (Tabela 3-5).

Tabela 3-5 *Médias de 22 anos (1980-2001) das variáveis meteorológicas (a partir dos dados forçados da DQA) e hidrológicas nas bacias hidrográficas do GBM*

	Unidade	Brahmaputra	Ganges	Meghna
(a) Variáveis meteorológicas				
Precipitação (Prcp)	mm ano^{-1}	1,609	1,157	3,212
Temperatura (Tair)	°C	9.1	21.7	23.0
Radiação líquida (Net rad)	W m^{-2}	31	74	84
Humidade específica	g/kg	9.3	11.8	14.4
(b) Variáveis hidrológicas				
Escoamento	mm ano^{-1}	1,360	406	2,193
Evapotranspiração (ET)	mm ano^{-1}	251	748	1,000
Evapotranspiração potencial (PET)	mm ano^{-1}	415	2,359	1,689

3.2.2 Correlação entre variáveis meteorológicas e hidrológicas

A Figura 3-5 apresenta os gráficos de dispersão e os coeficientes de correlação entre as variáveis meteorológicas e hidrológicas mensais em três bacias hidrográficas. As três cores diferentes representam três estações diferentes: seca/inverno (novembro-março), pré-monção (abril-junho), e monção (julho-outubro). A partir deste gráfico, pode ser feito o seguinte resumo. O escoamento total e o escoamento superficial do Brahmaputra têm uma correlação mais forte (cc = 0,95 e 0,97; ambos são estatisticamente significativos a $p < 0,05$) com a precipitação do que nas outras duas bacias. Contudo, o escoamento subterrâneo no Brahmaputra tem uma correlação mais fraca (cc = 0,62, $p < 0,05$) com a precipitação do que no Ganges (cc = 0,75, $p < 0,05$) e no Meghna (cc = 0,77, $p < 0,05$). Estas relações implicam que as profundidades mais elevadas do solo aumentam a correlação entre o escoamento subterrâneo e a precipitação. A profundidade do solo na zona das raízes (calibrado $d = 5m$) no Meghna gera mais escoamento subsuperficial (69% do escoamento total) do que nas outras duas bacias. A humidade do solo no Meghna também apresenta uma correlação mais forte (cc = 0,87, $p < 0,05$) com a precipitação do que no Brahmaputra (cc = 0,77, $p < 0,05$) e no Ganges (cc = 0,82, $p < 0,05$).

As relações da evapotranspiração com diversas variáveis atmosféricas (radiação, temperatura do ar) e a disponibilidade de água no solo são bastante complexas (Shaaban et al., 2011). Os diferentes métodos de estimativa da evapotranspiração potencial (PET) em diferentes modelos hidrológicos também podem ser uma fonte de incerteza (Thompson et al., 2014). No entanto, o esquema de ET no modelo H08 utiliza a fórmula de volume, em que o coeficiente de transferência de volume é utilizado para calcular os fluxos de calor turbulentos (Haddeland et al., 2011). Para estimar a PET (e, consequentemente, a ET), o H08 utiliza a humidade, a temperatura do ar, a velocidade do vento e a radiação líquida. A Figura 3-5 apresenta a correlação da ET com diferentes variáveis meteorológicas em três bacias. A ET na Brahmaputra tem uma correlação significativa com a precipitação, a temperatura do ar, a humidade específica e a radiação líquida, com coeficientes de correlação que variam entre 0,70 e 0,89 (todos eles estatisticamente significativos a $p < 0,05$). A correlação da ET no Meghna com as variáveis meteorológicas também é relativamente forte (cc variando de 0,61 a 0,80, $p < 0,05$), exceto para a radiação líquida (cc = 0,44, $p < 0,05$). No entanto, a ET no Ganges tem uma correlação fraca com as variáveis meteorológicas (cc de 0,29 a 0,59, $p < 0,05$). Uma correlação mais fraca da ET com as variáveis meteorológicas é provavelmente atribuível à sobrestimação da ET real no Ganges, porque a utilização da água a montante (que é maior no Ganges) pode ser incorretamente estimada como ET pelo modelo H08 para assegurar o balanço hídrico.

3.2.3 Variabilidade interanual

A Figura 3-6 apresenta a variabilidade interanual das variáveis meteorológicas e hidrológicas das simulações efectuadas utilizando cinco GCM diferentes e a da média multimodelo (representada pela linha azul espessa) para três bacias. Pode ver-se na figura que a magnitude das variações interanuais das variáveis correspondentes aos GCM individuais é visivelmente maior do que a da média multimodelo. No entanto, as tendências a longo prazo das variáveis meteorológicas e hidrológicas da média multimodelo são geralmente semelhantes às de cada GCM. A Figura 3-6 (a1- a3) mostra que a tendência a longo prazo da precipitação não é pronunciada no Brahmaputra e no Meghna, mas a sua variabilidade interanual é bastante grande para cada GCM. Entre os cinco GCM utilizados, a precipitação do MRI-AGCM3 tem a maior variabilidade interanual (particularmente na bacia do Ganges e do Meghna). Observa-se uma clara tendência de aumento da temperatura do ar nas três bacias. Como existe uma forte correlação entre a precipitação e o escoamento superficial (Figura 3-5), as suas variabilidades interanuais são semelhantes. Não existe uma tendência clara para a ET em cada bacia, desde o presente até ao período de futuro próximo. No entanto, num futuro distante, observa-se uma tendência de aumento notável em todas as bacias (Figura 3-6 e1-e3). A Figura 3-6 (f1-f3) representa a variabilidade interanual da humidade do solo. Como não há tendências claras (do presente para o futuro próximo) identificadas para a precipitação e a evapotranspiração, o efeito das alterações climáticas na humidade do solo não é pronunciado.

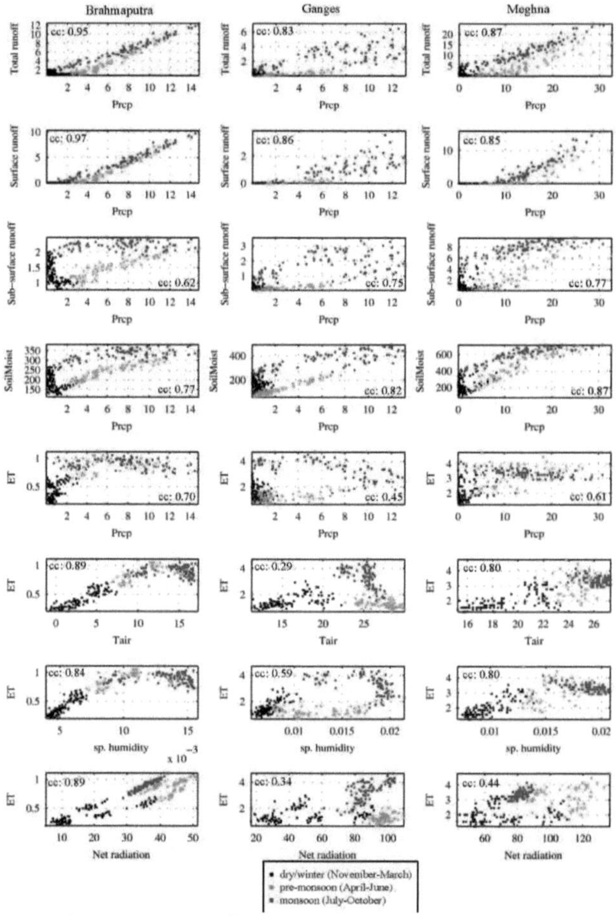

Figura 3-5. A correlação entre as médias mensais das variáveis meteorológicas (WFD) e as das variáveis hidrológicas para as bacias do Brahmaputra, Ganges e Meghna. Três cores diferentes representam os dados em três estações diferentes: Preto: seca/inverno (novembro-março); Verde: pré-monção (abril-junho); e Vermelho: monção (julho-outubro). O coeficiente de correlação (cc) para cada par (todas as 3 estações juntas) é anotado em cada subparcela. As unidades são mm dia-1 para Prec, ET, escoamento superficial, mm para SoilMoist, °C para T_{air}, e W m^{-2} para radiação líquida. Todos os termos abreviados aqui referem-se à Tabela 3-5.

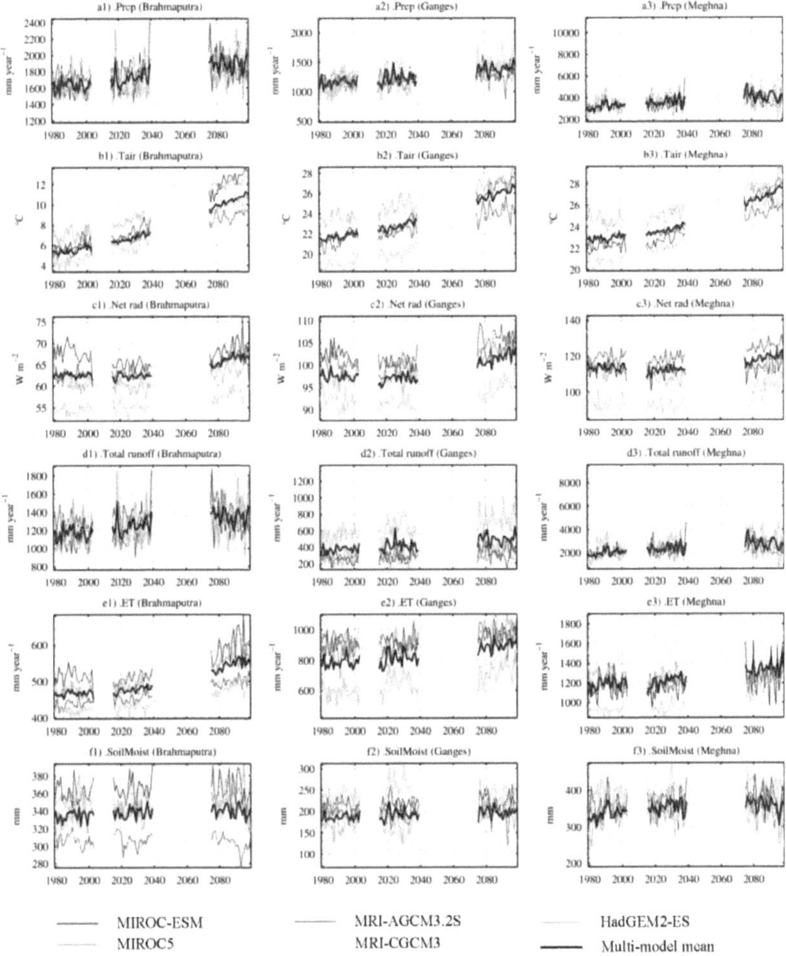

Figura 3-6 (a1-f3). Variação interanual da média das variáveis meteorológicas e hidrológicas de 5 GCMs para o presente (1979-2003), futuro próximo (2015-2039) e futuro distante (2075-2099). As linhas azuis espessas representam as médias dos 5 GCM.

3.3 Impacto das alterações climáticas nas condições climáticas e hidrológicas

Quantidades: Alterações médias projectadas

Os ciclos sazonais médios a longo prazo das variáveis hidrometeorológicas nos dois períodos projectados (2015-2039 e 2075-2099) foram comparados com os do período de base (1979-2003). Todos os resultados aqui apresentados resultam da média multi-modelo de todas as simulações efectuadas com base nos dados de forçagem climática dos cinco GCM para tanto no período de base como no período futuro. As linhas sólidas na Figura 3-3 representam as médias mensais de 25 anos, e as linhas tracejadas representam os limites superior e inferior das faixas de incerteza, conforme determinado a partir das 10 simulações utilizando os 10 conjuntos de parâmetros de melhor desempenho (identificados pela classificação da eficiência de Nash-Sutcliffe). A Figura 3-7 apresenta as alterações percentuais correspondentes e a Tabela 3-6 resume estas alterações relativas nas variáveis hidrometeorológicas em três bacias numa base anual e semestral (estação seca e estação húmida).

3.3.1 Precipitação

Considerando o cenário de emissões elevadas, até ao final do século XXI, prevê-se que a precipitação média a longo prazo aumente 16,3%, 19,8% e 29,6% nas bacias do Brahmaputra, Ganges e Meghna, respetivamente (Tabela 3-6), de acordo com estudos anteriores que compararam os resultados de simulações de GCM nestas regiões. Por exemplo, Immerzeel (2008) estimou o aumento da precipitação na bacia do Brahmaputra em 22% e 14% nos cenários SRES A2 e B2, respetivamente. Endo et al. (2012) consideraram o cenário SRES A1B e estimaram o aumento da precipitação a nível nacional em 19,7% e 13% para o Bangladesh e a Índia, respetivamente. Com base no presente estudo, para as bacias do Brahmaputra e do Meghna, prevê-se que a alteração da precipitação na estação seca (novembro-abril) seja de 23% e 33,6%, respetivamente, sendo ambas superiores à alteração na estação húmida (maio-outubro) (Brahmaputra: 15,1%, Meghna: 29%; Figura 3-7 b-c). No entanto, a variação da precipitação na estação seca no Ganges (3,6%) é inferior à da estação húmida (21,5%).

3.3.2 Temperatura do ar

A bacia do GBM será mais quente em cerca de 1°C no futuro próximo (Brahmaputra: 1,2°C, Ganges: 1,0°C, Meghna: 0,7°C) e em cerca de 4,3°C no futuro distante (Brahmaputra: 4,8°C, Ganges: 4,1°C, Meghna: 3,8°C; Tabela 3-6). De acordo com as alterações projectadas, a bacia mais fria do Brahmaputra será significativamente mais quente, com o aumento máximo de 5,9°C em fevereiro (Figura 3-7 d). Em Immerzeel (2008), projecta-se que o aumento da temperatura do ar no Brahmaputra (nos cenários SRES A2 e B2) seja de cerca de 2,3°C-3,5°C até ao final do século XXI. No entanto, a taxa de aumento ao longo do ano não é uniforme em todas estas bacias. A temperatura aumentará mais no inverno do que no verão (Figura 3-7 d-f). Por conseguinte, no futuro, é de esperar um inverno mais curto e uma primavera mais longa na bacia do GBM, o que também pode afetar significativamente a época de crescimento das culturas.

Tabela 3-6 *Média de 10 simulações das variações médias anuais e percentuais das variáveis hidrológicas e meteorológicas*

		Brahmaputra		Ganges		Meghna	
Variável	Período	anual mean	Variação em % (Tair: °C)	anual mean	Variação em % (Tair: °C)	anual média	Variação em % (Tair: °C)

Variável	Cenário		mares secos on (No vem ber-Apri l)	mares húmido s em (maio- outubro)	anual		mare s secos on (No vem ber-Apri l)	mares húmido s em (maio- outubro)	anual		mares secos em (Nov emb er Apri l)	mares húmido s on (Ma y Octo ber)	anual
							(a)Variáveis meteorológicas						
Précipitât ion (mm ano)$^{-1}$	Atualidade	163 2	-	-	-	115 4	-	-	-	3192	-	-	-
	Futuro próximo	172 0	4.2	5.6	5.4	121 8	-0.1	6.2	5.6	3598	11.4	12.9	12. 7
	Futuro distante	189 7	23.0	15.1	16.3	138 3	3.6	21.5	19.8	4139	33.6	29.0	29. 6
Tair (°C)	Atualidade	5.5	-	-	-	21.7	-	-	-	23.0	-	-	-
	Futuro próximo	6.7	1.4	1.0	1.2	22.8	1.1	0.9	1.0	23.7	0.8	0.6	0.7
	Futuro distante	10.3	5.5	4.1	4.8	25.9	4.6	3.7	4.1	26.8	4.3	3.4	3.8
Radiação líquida (W m)$^{-2}$	Atualidade	63	-	-	-	97	-	-	-	114	-	-	-
	Futuro próximo	62	2.0	-1.6	-0.4	97	-0.2	-0.9	-0.7	112	-0.4	-2.2	- 1.5

	Futuro distante	66	10.3	3.1	5.6	101	5.3	3.4	4.1	119	6.5	3.0	4.4
(b)Variação hidrológica	bles												
Escoamento total (mm ano)$^{-1}$	Atualidade	116 6	-	-	-	372	-	-	-	1999	-	-	-
	Futuro próximo	124 4	0.5	8.6	6.7	414	2.5	12.1	11.3	2380	10.5	20.2	19. 1
	Futuro distante	135 5	2.9	20.3	16.2	495	-2.3	36.3	33.1	2793	24.2	41.8	39. 7
ET (mm ano)$^{-1}$	Atualidade	467	-	-	-	785	-	-	-	1193	-	-	-
	Futuro próximo	477	5.5	0.9	2.1	808	4.9	2.1	3.0	1216	5.2	0.4	1.9
	Futuro distante	543	25.6	12.9	16.4	892	19.3	10.9	13.6	1347	18.2	10.5	12. 9
Humidade do solo (mm)	Atualidade	335	-	-	-	186	-	-	-	336	-	-	-
	Futuro próximo	338	0.4	1.2	0.9	192	2.7	3.4	3.1	354	6.6	5.1	5.5
	Futuro distante	340	0.2	2.3	1.5	197	0.4	8.3	5.8	359	6.7	6.9	6.9

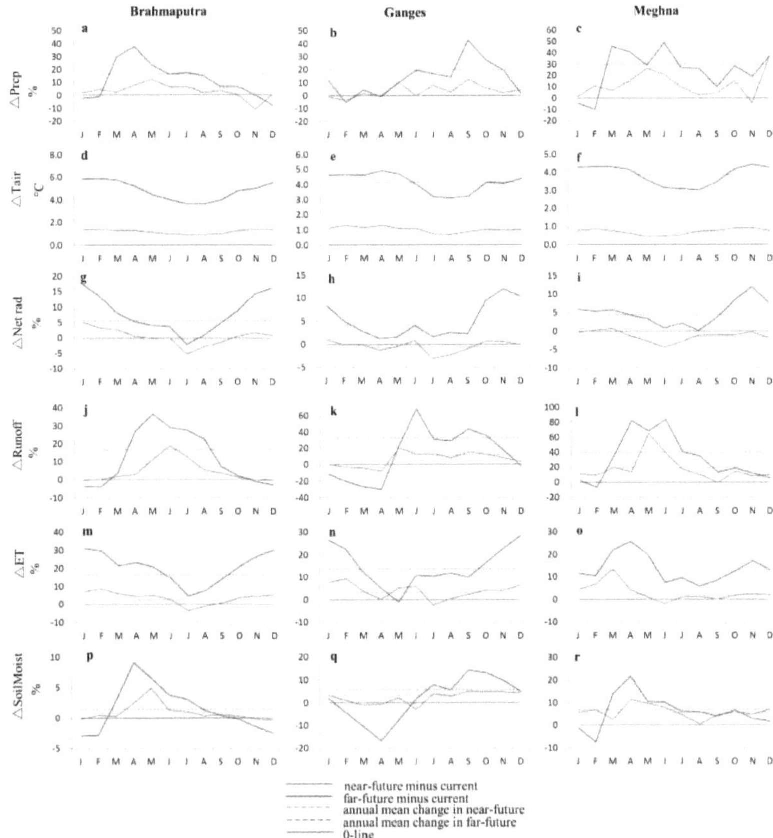

Figura 3-7 (a)-(r). Alterações percentuais nas médias mensais das quantidades climáticas e hidrológicas do período atual para os períodos de futuro próximo e futuro distante . As linhas tracejadas representam as alterações médias anuais.

3.3.3 Radiação líquida

Prevê-se que a radiação líquida aumente em >4% em todas as estações, exceto no verão, em toda a bacia do GBM até ao final do século (Figura 9g-i). Devido ao aumento da temperatura do ar no futuro, a radiação de onda longa descendente aumentaria em conformidade e conduziria a um aumento da radiação líquida. No entanto, a alteração da radiação líquida no período do futuro distante é maior na estação seca (Brahmaputra: 10,3%, Ganges: 5,3%, Meghna: 6,5%) do que na estação húmida (Brahmaputra: 3,1%, Ganges: 3,4%, Meghna: 3%). Para o período próximo do futuro, prevê-se que a radiação líquida diminua

45 em <1% em quase todas as estações, devido ao menor aumento da temperatura do ar (~1°C), bem como à diminuição da radiação solar recebida (não mostrada) nesta bacia.

3.3.4 Escoamento

Prevê-se que o escoamento médio a longo prazo aumente em 16,2%, 33,1% e

41

39,7% no Brahmaputra, Ganges e Meghna, respetivamente, até ao final do século (Tabela 3-6). O aumento percentual do escoamento superficial no Brahmaputra será bastante grande em maio (cerca de 36,5%), o que pode ser devido ao aumento da precipitação e à diminuição da evapotranspiração causada pela menor radiação líquida (Figura 3-7 g, m). Em resposta às variações sazonais da temperatura do ar, da radiação líquida e da evaporação, as variações do escoamento superficial na estação húmida (maio-outubro; Brahmaputra: 20,3%, Ganges: 36,3%, Meghna: 41,8%) são maiores do que na estação seca (novembro-abril; Brahmaputra: 2,9%, Ganges: -2,3%, Meghna: 24,2%; Figura 3-7 j-k). O escoamento no Meghna mostra uma maior resposta ao aumento da precipitação, o que pode levar a uma maior possibilidade de inundações nesta bacia e a condições de inundação prolongadas no Bangladesh. Estas conclusões são, em geral, coerentes com as conclusões anteriores. Mirza (2002) referiu que a probabilidade de ocorrência de cheias de 20 anos deverá ser maior nos rios Brahmaputra e Meghna do que no rio Ganges. No entanto, Mirza et al. (2003) concluíram que a futura alteração do pico de descarga do rio Ganges (bem como do rio Meghna) deverá ser maior do que a do rio Brahmaputra.

3.3.5 Evapotranspiração

Pode ser visto na Figura 3-7 m-o que a mudança de ET no futuro próximo é relativamente baixa, mas aumenta para ser bastante grande no final do século (Brahmaputra: 16,4%, Ganges: 13,6%, Meghna: 12,9%). Isto deve-se ao aumento da radiação líquida (Brahmaputra: 5,6%, Ganges: 4,1%, Meghna: 4,4%), bem como à temperatura do ar mais elevada. Seguindo os padrões sazonais da radiação (Figura 3-7 g-i) e da temperatura do ar (Figura 3-7 d-f), prevê-se que a alteração da ET seja consideravelmente maior na estação seca (novembro-abril; Brahmaputra: 25,6%, Ganges: 19,3%, Meghna: 18,2%) do que na estação húmida (maio-outubro) (Brahmaputra: 12,9%, Ganges: 10,9%, Meghna: 10,5%).

3.3. 6Humidade do solo

A humidade do solo é expressa em termos da profundidade da água por unidade de área dentro das profundidades do solo que variam espacialmente (3~5 m). A alteração da humidade do solo (varia de 1,5 ~ 6,9% no futuro distante) é menor em comparação com outras quantidades hidrológicas, exceto

o Meghna em abril, onde se prevê que a humidade do solo aumente 22%. No entanto, as incertezas associadas em todas as estações são relativamente elevadas em comparação com outras variáveis (figura 3-3 f1-f3). A variação das condições iniciais da profundidade do solo d entre 10 simulações pode ser uma das principais razões da maior incerteza na estimativa da humidade do solo, particularmente para o Brahmaputra (CV = 31%) e Ganges (CV = 18%) onde d's são 2~4m e 3~5m, respetivamente (Tabela 3-1).

Capítulo 4

4. Impacto das alterações climáticas na capacidade de gestão dos extremos hidrológico[s†]

4.1 Introdução

Este capítulo investiga o impacto das alterações climáticas na capacidade de gestão das cheias e secas nas três bacias do GBM. O grau de dificuldade de gestão dos extremos hidrológicos é medido em termos da dificuldade de gestão das variações hidrológicas que podem ser identificadas a partir do FDC e do DDC. Nesta secção, os FDCs e DDCs são representados para a precipitação média da bacia e o caudal em três saídas dessas bacias para três períodos de tempo: o período observado (1980-2009), o futuro próximo (2015-2039) e o futuro distante (2075-2099). As séries temporais de precipitação futura foram obtidas a partir do MRI-AGCM3.2S com o cenário A1B, e as séries temporais de caudal futuro foram obtidas a partir do modelo hidrológico H08, que foi desenvolvido utilizando o mesmo GCM. Os objectivos deste capítulo são (a) investigar e comparar as características de persistência hidrológica das cheias e secas nessas bacias, tanto para o presente como para o futuro, utilizando essas curvas de duração, (b) investigar e comparar o impacto das alterações climáticas nas características hidrológicas que podem ser identificadas a partir das curvas de duração, e (c) investigar e comparar o grau de dificuldade na gestão das cheias e secas em termos da capacidade de gestão das variações hidrológicas.

É necessário notar que, se as curvas de duração são desenhadas na escala normalizada em relação à média de longo prazo, as interpretações da forma das curvas também devem ser feitas em relação à sua média de longo prazo e não aos seus valores reais. O termo "capacidade de gestão" das variações hidrológicas indica, neste conceito de FDC e DDC, a quantidade esperada de armazenamento necessária para suavizar a variação hidrológica das cheias e secas, que pode ser expressa como a área do maior retângulo que cabe na área circundada pela curva de duração, a linha horizontal do caudal médio de longo prazo e o eixo vertical a partir da origem. Uma explicação detalhada do caso da seca foi dada por Kikkawa e Takeuchi (1975a), que identificaram que os impactos das alterações climáticas nas características das curvas de duração podem ser correlacionados com as alterações no grau de dificuldade de gestão dos fenómenos hidrológicos extremos.

4.2 Características de persistência da precipitação

O foco desta secção são os impactos das alterações climáticas nos FDC e DDC. A Figura 4-1 apresenta os impactos das alterações climáticas nos períodos atual, futuro próximo e futuro (intervalo de recorrência de 10 anos) nas curvas de duração das três bacias. As seguintes alterações nas curvas de duração devido às alterações climáticas podem ser apontadas a partir destas figuras:

- Como se pode ver na Figura 4-1, os FDCs dos três períodos são semelhantes para as três bacias, enquanto os seus DDCs dos períodos futuros são diferentes dos do

---

† Uma parte substancial do capítulo foi publicada com o título "Climate change impact on the manageability of floods and droughts of the Ganges-Brahmaputra-Meghna basins using Flood Duration Curves and Drought Duration Curves" no Journal of Disaster Research, 10(5), 2015.

período observado, exceto para a bacia do Meghna. Os FDCs e DDCs do Meghna são quase idênticos para os três períodos, o que indica que as características de persistência da precipitação no Meghna não serão muito afectadas pelas alterações climáticas, embora se preveja que a precipitação média aumente no futuro (Tabela 4-1).

- Os desvios dos DDCs do Brahmaputra e do Ganges são menores para os períodos futuros do que para o período observado, o que indica a provável menor variação sazonal de baixa precipitação (em relação à sua média de longo prazo) no futuro nessas bacias. Consequentemente, espera-se que a probabilidade de ocorrência de secas extremas nessas bacias seja reduzida no futuro, o que poderá dever-se a um aumento projetado da precipitação na estação seca (Caesar et al., 2015; Masood et al., 2014).

- Os gradientes dos DDC do Brahmaputra são mais suaves para os períodos futuros do que para o período observado, o que torna o ângulo aberto entre o FDC e o DDC mais estreito. Um gradiente mais suave implica que os fenómenos extremos nessa bacia serão mais brandos em termos de gravidade no futuro (relativamente ao aumento da sua média a longo prazo), mas a recuperação para a média a longo prazo desse fenómeno extremo demorará um período semelhante.

- Como se vê na Figura 4-2, entre as três bacias, as variações probabilísticas (a variação devida aos intervalos de recorrência) nos DDCs do Ganges são as maiores e nos FDCs são as menores para todos os três períodos. Isso significa que a variação interanual da baixa precipitação é maior e a variação da alta precipitação é menor na bacia do Ganges do que nas outras duas bacias.

- O Meghna tem uma maior variação probabilística no FDC, o que se refere à maior variação anual de precipitação elevada na bacia. Prevê-se que esta caraterística também se mantenha no futuro. O CV anual de precipitação do Meghna é também o maior entre as três bacias (Tabela 4-1), o que está intimamente ligado à variação probabilística.

- Prevê-se que a variação probabilística nos DDCs do Brahmaputra seja reduzida num futuro distante. Isto implica que a variação anual da baixa precipitação nessa bacia será reduzida.

Tabela 4-1 *Estatísticas básicas dos dados de precipitação e caudal para três períodos*

Item	Brahmaputra	Ganges	Meghna
Estação de saída	Bahadurabad	Ponte de Hardinge	Bhairab Bazar

Precipitação [b]	Média (mm ano⁻¹)	Observado	1611	1149	3195
	Média (mm ano^{-1})	Observado	1611	1149	3195
		Futuro próximo	1798	1201	3428
		Futuro distante	1906	1290	3658
	Desvio-padrão (DP) mensal (mm)	Observado	120	113	246
		Futuro próximo	120	115	271
		Futuro distante	131	121	280
	DP anual (mm)	Observado	151	105	499
		Futuro próximo	104	120	485
		Futuro distante	149	146	458
	CV mensal	Observado	0.006	0.008	0.006
		Futuro próximo	0.006	0.008	0.007
		Futuro distante	0.006	0.008	0.006
	CV anual	Observado	0.094	0.092	0.156
		Futuro próximo	0.058	0.100	0.141
		Futuro distante	0.078	0.113	0.125

Caudal [c]					
	Média (m_3 S[1])	Observado	23148	13880	5142
		Futuro próximo	21816	8697	4498
		Futuro distante	22867	9504	4755
	DP mensal (m_3 S[1])	Observado	17172	15957	4648
		Futuro próximo	14571	11989	4410
		Futuro distante	16506	13011	4533
	DP anual (m_3 S[1])	Observado	5229	5074	1304
		Futuro próximo	1751	2197	967
		Futuro distante	2419	2311	950
	CV mensal	Observado	0.74	1.15	0.90
		Futuro próximo	0.67	1.38	0.98
		futuro distante	0.72	1.37	0.95
	CV anual	Observado	0.23	0.37	0.25
		Futuro próximo	0.08	0.25	0.21
		Futuro distante	0.11	0.24	0.20

[b] Estimado a partir do conjunto de dados de precipitação doWFD (1980-2001)[c] Estimado a partir de dados observados do BWDB (2012)

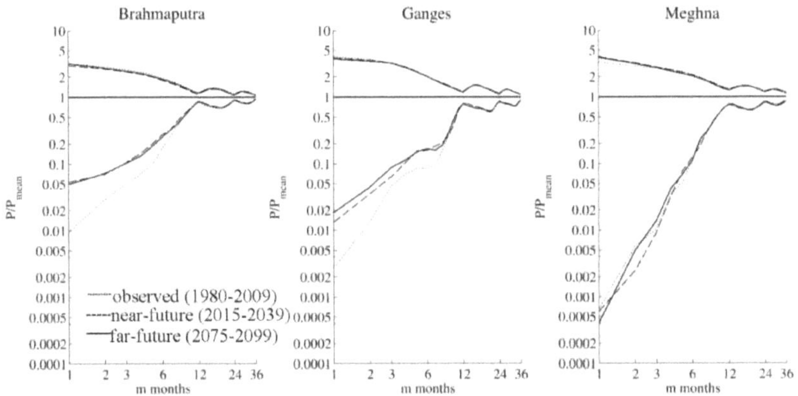

Figura 4-1. Comparação das curvas de duração das séries de precipitação mensal média da bacia (P) de três períodos com período de retorno de 10 anos para três bacias.

4. 3Características de persistência do caudal

As Figuras 4-3 e 4-4 mostram os FDCs e DDCs das séries diárias de caudal. Em comparação com as curvas de duração da precipitação, as do caudal são bastante diferentes, especialmente os CDD. Para todos os *m*, o afastamento das curvas DDC da linha média é menor para o caudal do que para a precipitação. Isto deve-se ao facto de haver armazenamento natural de água nos rios, lagoas e no subsolo, o que reduz a variação sazonal do caudal. Algumas das alterações significativas nas curvas de duração do caudal devido às alterações climáticas são identificadas a seguir:

-Como se vê na Figura 4-3, para o Brahmaputra, o desvio dos futuros FDCs é menor do que o do período observado, o que indica que as intensidades da variação sazonal dos futuros caudais elevados deverão ser reduzidas. Para o Ganges e o Meghna, o maior desvio dos FDCs futuros indica uma provável maior variação sazonal dos futuros caudais elevados nesses rios. Por outro lado, para as três bacias, os desvios dos DDCs são os mais baixos no período próximo do futuro, o que indica a provável menor variação sazonal de caudais baixos. É importante notar que se espera que as características do baixo caudal no rio Meghna mudem muito no futuro. Como se pode ver na Figura 4-3, espera-se que os caudais extremamente baixos a curto prazo, que podem causar secas, sejam eliminados da bacia do Meghna.

-O ângulo aberto entre o FDC e o DDC é o mais pequeno no futuro próximo para o Brahmaputra. O ângulo aberto estreito implica que a velocidade de recuperação do fenómeno extremo para a média a longo prazo nessa bacia será mais lenta. No entanto, para o Ganges e o Meghna, os ângulos abertos são maiores no futuro do que no período observado, o que indica que a taxa de recuperação de fenómenos extremos será elevada no futuro nessas bacias. Note-se que a taxa de recuperação alta ou baixa não significa e é independente de uma recuperação mais rápida ou mais lenta, uma vez que o próprio tempo de recuperação depende da gravidade da situação extrema no início da recuperação.

• A Figura 4-4 mostra que, para o período observado, as variações probabilísticas (variação devido ao intervalo de recorrência) dos FDCs são pequenas e quase semelhantes; no entanto, as dos DDCs são bastante diferentes entre as três bacias. O Ganges tem a maior variação, enquanto o Brahmaputra tem a menor variação. No entanto, num futuro distante, as variações probabilísticas tanto dos FDC como dos DDC do Meghna são as mais elevadas das três bacias. Isto implica que as variações anuais do caudal do Meghna deverão ser as maiores num futuro longínquo.

4.4 Capacidade de gestão dos extremos hidrológicos e comparações entre bacias hidrográficas

A Figura 4-2 e a Figura 4-4 apresentam as curvas de duração da precipitação média nas três bacias e do caudal nas suas saídas, respetivamente, para os três períodos. Todas as subparcelas da mesma figura são apresentadas à mesma escala, pelo que cada par pode ser diretamente comparado com os outros. As seguintes características distintas das curvas de duração podem ser identificadas a partir destas figuras:

- Como se pode ver na Figura 4-2, para a precipitação, os FDCs são bastante semelhantes, enquanto os DDCs são muito diferentes uns dos outros. Isto implica que as características da baixa precipitação nestas três bacias são diferentes. No entanto, espera-se que esta distinção seja mais proeminente no futuro.
- A partir das curvas de duração do caudal (Figura 4-4), observa-se que, seguindo um padrão semelhante ao das curvas de duração da precipitação, o Ganges tem o maior desvio de FDC e o Meghna tem o maior desvio de DDC em relação à linha média. Isto indica que, entre as três bacias, a variação sazonal do caudal alto e do caudal baixo é a mais elevada no Ganges e no Meghna, respetivamente, para os três períodos. Mais uma vez, esta afirmação é relativa às suas médias a longo prazo e não aos seus valores absolutos. No futuro, os FDC e os DDC do Brahmaputra registam o menor desvio em relação à linha média, o que significa que a variação sazonal do caudal deverá ser a mais baixa das três bacias nessa bacia. Isto deve-se ao facto de a diferença relativa entre o incremento do escoamento projetado na estação húmida e o incremento na estação seca ser a mais baixa no Brahmaputra entre as três bacias (Masood et al., 2015). Os CVs dos valores mensais do caudal do Brahmaputra (variando de 0,67 a 0,74) são também os mais pequenos entre as três bacias (Tabela 4-1), o que está intimamente ligado à variação sazonal.

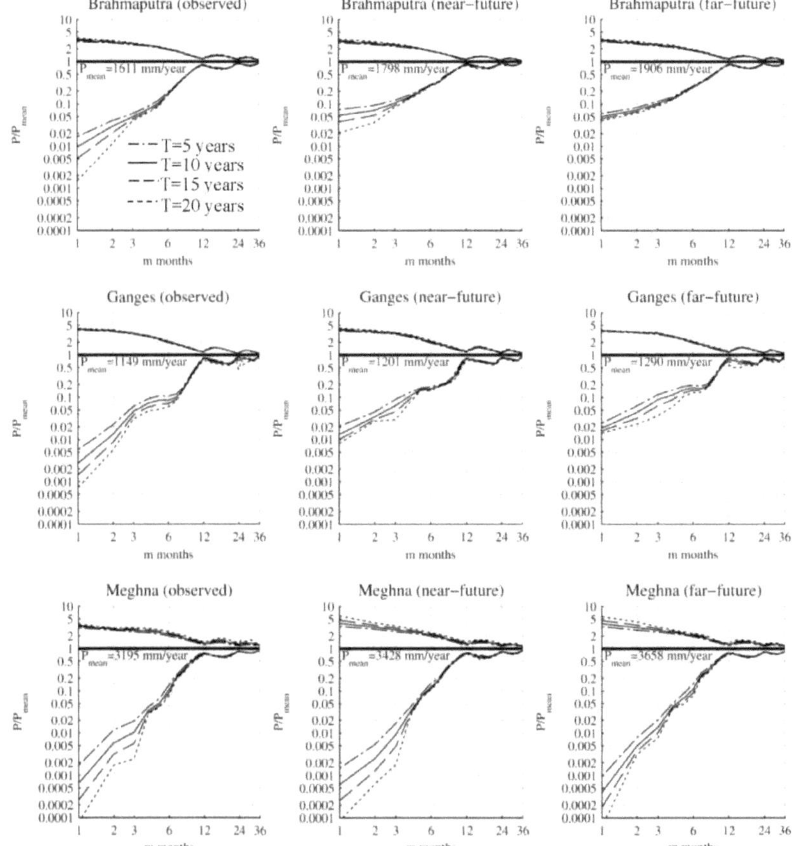

Figura 4-2. Curvas de duração de cheias e secas das séries de precipitação mensal média (P) da bacia em três períodos: observado (1980-2009), futuro próximo (2015-2039) e futuro distante (2075-2099) com período de retorno (*T) de* 5, 10, 20 e 50 anos para as três bacias.

-Um grande desvio significa que é necessária uma grande quantidade de armazenamento em reservatórios para ajustar a variação sazonal (Takeuchi, 1988). Como se pode ver na Figura 4-4, os desvios dos CDDs do Ganges e do Meghna são muito maiores do que os do Brahmaputra, o que significa que, para gerir a seca no Ganges e no Meghna, é necessário um maior armazenamento na albufeira em relação à dimensão da sua bacia.

-Para os três períodos, o Ganges tem o gradiente mais acentuado das curvas, o que faz o maior ângulo aberto entre o FDC e o DDC (Figura 4-2 e 44). O gradiente acentuado do Ganges implica que os fenómenos extremos na bacia têm uma taxa de recuperação elevada quando esta começa a recuperar desse fenómeno extremo. Por outro lado, o Brahmaputra tem o menor desvio e o menor ângulo aberto, o que significa que a magnitude dos fenómenos extremos da bacia é menor e a taxa de recuperação é inferior à das outras bacias.

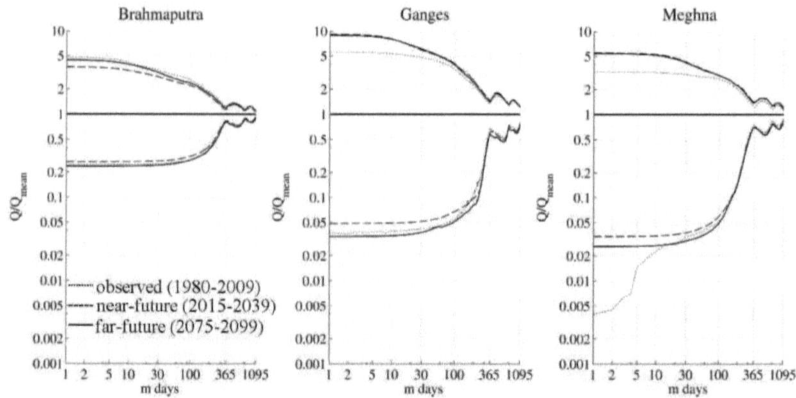

Figura 4-3. Comparação das curvas de duração das séries de caudais diários de três períodos; observado (1980-2009), futuro próximo (2015-2039) e futuro distante (2075-2099) com período de retorno de 10 anos para as três bacias.

Tabela 4-2 *Classificação das bacias de acordo com o grau de dificuldade na gestão de eventos extremos utilizando os indicadores das curvas de duração*

Características hidrológicas	Variação sazonal		Variação anual		Gravidade dos fenómenos extremos (intensidade e duração)
Indicador das curvas de duração (**Fig. 2-3**)	Partida		Variação		Partida e ângulo entre FDC e DDC*
A partir das quais as curvas de duração (para o caudal)	FDC	DDC	FDC	DDC	Tanto a FDC como a DDC
Classificação das bacias (de alta a baixa), indica também a classificação de acordo com o grau de dificuldade de gestão de fenómenos extremos	Ganges	Meghna	Meghna	Meghna	Ganges
	Meghna	Ganges	Brahmapu tra	Ganges	Meghna
	Brahmapu tra	Brahmapu tra	Ganges	Brahmaput ra	Brahmaputra

O desvio e o ângulo estão estreitamente relacionados com a quantidade de armazenamento necessária para atenuar as variações hidrológicas.

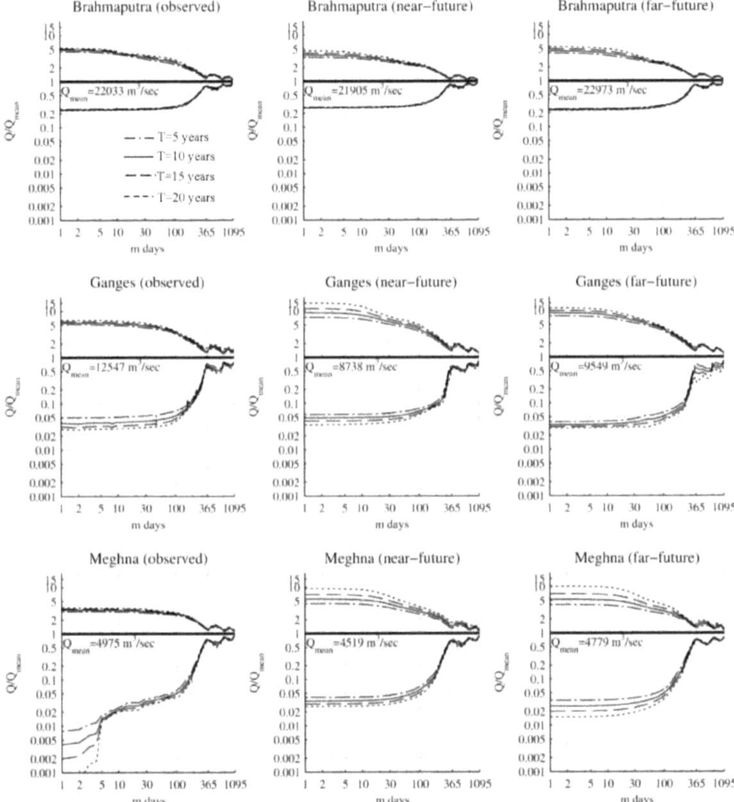

Figura 4-4. Curvas de duração de cheias e secas de séries de caudal diário (Q) de três períodos: observado (1980-2009), futuro próximo (2015-2039) e futuro longínquo (2075-2099) com período de retorno (*T*) *de* 5, 10, 20 e 50 anos nas saídas das bacias para as três bacias.

Algumas estatísticas básicas relativas aos dados utilizados nesta análise são apresentadas no Quadro 4-1. Entre as propriedades básicas, o coeficiente de variação dos valores mensais parece estar mais intimamente ligado ao ângulo entre FDC e DDC (Takeuchi, 1988). Os CVs do Ganges são os maiores, e os CVs do Brahmaputra são os menores. Esta ordem é exatamente a mesma que a ordem dos ângulos nas Figuras 4-2 e 4-4. Quanto à variação probabilística, o coeficiente de variação dos valores anuais tem a relação mais próxima (Takeuchi, 1988). A menor variação é observada no Brahmaputra, que tem os CVs mais baixos.

O grau de dificuldade de gestão dos fenómenos hidrológicos extremos depende das características hidrológicas, como a variação anual, a variação sazonal e a gravidade (intensidade e duração) dos fenómenos extremos. Por conseguinte, o impacto das alterações climáticas na capacidade de gestão das cheias e secas nestas três bacias pode ser investigado e comparado através da observação de alterações nas variações hidrológicas que podem ser facilmente identificadas a partir das curvas de duração. De acordo com os resultados das curvas de duração do caudal, as três bacias de estudo são classificadas, conforme apresentado no Quadro 4-2. Observa-se que a capacidade de gestão da bacia do Meghna deverá ser mais difícil do que a das outras duas bacias devido ao aumento das variações sazonais e anuais do caudal no futuro. No entanto, a gravidade dos fenómenos extremos será maior no Ganges.

Capítulo 5

5. Impacto das alterações climáticas na bacia do Meghna, a bacia mais vulnerável [*.]

5.1 Introdução

De acordo com a discussão anterior, prevê-se que o impacto das alterações climáticas seja mais forte na hidrometeorologia do Meghna (Figura 5-1) do que na do Brahmaputra e do Ganges, o que também foi referido na literatura anterior (Masood et al., 2015; Mirza et al., 2003). Um estudo de Kamal et al. (2013) concluiu[J] que o pico de caudal do Baixo Meghna (na confluência dos três principais rios, o Ganges, o Brahmaputra e o Alto Meghna) pode aumentar até 39,1% durante a monção e os caudais baixos podem diminuir até 26,9% na estação seca no final deste século. Mirza et al. (2003) identificaram que o rio Meghna desempenhará um papel importante nas futuras inundações no Bangladesh. A bacia do Meghna é também muito importante para o Bangladesh em muitos aspectos. Em primeiro lugar, enquanto o Ganges e o Brahmaputra ocupam 59% do território do Bangladesh, apenas 4,8% das bacias hidrográficas pertencem ao Bangladesh. No caso do Meghna, este ocupa 24% do território, mas 43% da bacia hidrográfica pertence ao Bangladesh (FAO-AQUASTAT, 2014). Isto implica que a bacia do Meghna pode ser gerida de forma intensiva pelo próprio Bangladesh. Em segundo lugar, a área sob a alçada do Bangladesh apoia a economia do país como base de produção de arroz durante a estação seca e como zona de pesca repleta de peixes abundantes durante a estação das chuvas. Nas últimas duas décadas, a área desenvolveu-se de forma notável em termos de crescimento da produção agrícola (Quddus, 2009). A contribuição desta zona é superior a 16% da produção total de arroz do país. Em terceiro lugar, a precipitação abundante na bacia do Meghna tem consequências notáveis para as inundações repentinas na região nordeste do Bangladesh (Mirza, 2003). A agricultura nessa zona tem sido frequentemente afetada por inundações repentinas. Em quarto lugar, a duração das inundações na bacia é excecionalmente prolongada (Mirza, 2003). Com efeito, a descarga das cheias do rio Meghna é geralmente obstruída pelo caudal combinado do Ganges e do Brahmaputra (Mirza et al., 2003) ou por efeitos de refluxo causados pelo seu efeito de maré (Chowdhury & Ward, 2004). Durante a grave cheia de 1998, a água do rio permaneceu acima do nível de perigo durante 68 dias na estação de Bhairab Bazar, o que foi significativamente mais elevado do que nos outros dois rios, o Ganges e o Brahmaputra (Mirza, 2003). Todos estes aspectos importantes implicam que, para analisar os impactos das alterações climáticas, são necessárias análises espácio-temporais da bacia para avaliar os impactos locais, nomeadamente na agricultura e nas inundações. Por conseguinte, este capítulo analisa os impactos das alterações climáticas nas características espácio-temporais da hidrometeorologia da bacia do Meghna através da projeção de alta resolução MRI-AGCM com o cenário A1B (Mizuta et al., 2012).[‡]

---

‡‡ Uma parte substancial do capítulo foi publicada com o título "Climate change impacts and its implications on future water resource management in the Meghna Basin" na revista Futures, Vol-78, 2015

Figura 5-1. Mapa da bacia do rio Meghna com os principais rios, rede de transportes e estações de medição na área de estudo

5.2 Sobre a bacia do Meghna

As principais estatísticas da bacia do Meghna estão resumidas no Quadro 5-1. O rio Meghna nasce em Manipur, na Índia, como o Barak e divide-se em dois ramos depois de entrar no Bangladesh. O ramo norte, chamado Surma, corre para sul através do lado oriental do Bangladesh junto à cidade de Sylhet, e o ramo sul, chamado Kushiara, corre através da Índia e depois entra no Bangladesh. Primeiro, o Surma junta-se ao rio Meghna perto de Kuliar Char e, depois, o Kushiara junta-se ao rio Meghna perto de Ajmiriganj. O Surma, o Kushiara, o Bhogaikangnsha e numerosos outros rios contribuem para o Meghna Superior em Bhariab Bazar (Figura 5-1). O Meghna Superior e o Padma (caudal conjunto do Ganges e do Brahmaputra) juntam-se no Meghna Inferior, que acaba por desaguar na Baía de Bengala. O Baixo Meghna é um dos maiores rios do mundo, sendo a foz de três grandes rios, o Ganges, o Brahmaputra e o Meghna. A área total de drenagem da bacia do Meghna é de cerca de 65 000 km^2 (Nishat & Faisal, 2000), considerando a foz em Bhairab Bazar, que é partilhada pela Índia (67% da área total de captação) e pelo Bangladesh (33%). Os dois locais mais húmidos do mundo, Mawsynram e Cherrapunji no estado de Meghalaya, na Índia, com uma precipitação anual de 11 871 e 11 777 mm, respetivamente, estão localizados nesta bacia (Parry, 2013). Os ventos quentes e húmidos vindos da Baía de Bengala durante a monção são forçados a subir subitamente até aos 1400 m e convergem para a zona mais estreita sobre as colinas de Khasi, concentrando assim a sua humidade e causando fortes precipitações na região. A precipitação média anual da bacia é de cerca de 3 212 mm por ano^{-1} , concentrando-se nos meses de monção de maio a setembro (>80% da precipitação anual). As elevações da bacia variam entre -1 e 2.579 m a.s.l. (Lehner et al., 2006). No entanto, a elevação média da bacia é de 307 m a.s.l., e 75% da área tem uma elevação inferior a 500 m a.s.l. A região montanhosa pertence maioritariamente à Índia, enquanto as áreas planas e baixas pertencem ao Bangladesh (Figura 5-2a). A floresta cobre cerca de 54% da área da bacia, localizada maioritariamente na parte indiana, e cerca de 27% da área é utilizada para a agricultura, principalmente no Bangladesh (Figura 5-2b; Tateishi et al., 2014). A principal cultura desta área é o arroz Boro, uma variedade de arroz da estação seca plantada em campos baixos (Haruhisa et al., 2005). A produção anual de arroz Boro desta zona é superior a 3 milhões de toneladas métricas, o que representa cerca de 17% da produção total do país. A contribuição para a produção de arroz Boro local (uma variedade local de arroz Boro) é de cerca de três quartos da produção total (estimado a partir de BBS, 2011). No entanto, esta cultura é frequentemente afetada, no início da estação das chuvas, por inundações repentinas causadas pelas águas fluviais que correm para o rio Meghna a partir das regiões montanhosas da Índia.

5.3 Variabilidade da Precipitação

5.3.1 Variação espacial da precipitação

A distribuição espacial da precipitação média anual ao longo de períodos de 25 anos e as alterações na bacia hidrográfica são apresentadas na Figura 5-3. Aproximadamente um quarto da bacia no norte regista uma precipitação anual média superior (3.211 mm ano^{-1}) durante o período de base (1979-2003). A distribuição espacial da precipitação média anual projectada para o futuro próximo indica uma maior expansão das áreas de maior precipitação, resultando numa contração das áreas de baixa precipitação (Figura 5-3b). Além disso, a quantidade de precipitação anual em áreas de precipitação muito mais elevada (7.000 mm e acima) está a aumentar. A distribuição da precipitação projectada para o futuro distante é semelhante à do futuro próximo, mas as magnitudes são bastante elevadas nos períodos do futuro distante. A área com precipitação entre 3.001 e 4.000 mm ano^{-1} deverá aumentar de 27% (no período de base) para 29% e 33% no futuro próximo e no futuro distante, respetivamente (Tabela 5-2). A área com maior precipitação (7.000 mm e acima) aumenta de 1,9% (no período de base) para 5,6% e 6,7% no futuro próximo e no futuro distante, respetivamente.

As figuras 5-3d e e mostram a variação percentual da precipitação média anual no futuro, em comparação com o período de base. O aumento máximo projetado da precipitação média anual é de 23% e 31% no futuro próximo e no futuro distante, respetivamente (Figura 5-3d e e). No entanto, prevê-se que a precipitação média anual diminua até 3% durante o futuro próximo em cerca de um quarto da área (22,5%) da bacia localizada na região sudeste. Em geral, um elevado incremento de precipitação ocorrerá em áreas de maior precipitação, enquanto um baixo incremento de precipitação ocorrerá em áreas de baixa precipitação. O incremento de precipitação mostra um aumento gradual do canto sudeste para o extremo noroeste da bacia (Figura 5-3d e e). Mais de 20% do incremento de precipitação será registado numa área equivalente a 7,6% da bacia no futuro distante.

5.3.2 Variação temporal da precipitação

As probabilidades de excedência da precipitação mensal para o período de base e para os períodos projectados nas duas estações de medição da bacia são apresentadas na Figura 5-4. A figura também apresenta as variações da precipitação de diferentes magnitudes da bacia contribuinte correspondente nas estações de medição ao longo do tempo. Aqui, a precipitação elevada refere-se à precipitação que tem uma percentagem de excedência de precipitação mensal (PME) de 0-25, enquanto a precipitação média tem uma PME de 26-75 e a precipitação baixa tem uma PME de 76-100 (Figura 5-4). Em toda a bacia, a precipitação alta, média e baixa variou de forma diferente em termos de magnitude, seguindo um padrão de mudança. Em geral, observa-se um maior incremento da precipitação para a precipitação mais elevada, com uma magnitude crescente de incremento a partir da PME de cerca de 25 para cima.

Durante o futuro próximo, em comparação com o período de base, prevê-se que toda a precipitação mensal, incluindo a precipitação mensal baixa, aumente em toda a bacia com várias magnitudes. A diferença entre a precipitação mensal do período de referência e a precipitação mensal projectada aumenta para a precipitação média e alta. A precipitação mensal de médio alcance (que ocorre geralmente durante os meses pré ou pós-monção) no futuro distante é bastante mais elevada do que a do futuro próximo, especialmente em Bhairab Bazar. Prevê-se que a precipitação mensal muito baixa (PME de 85% e superior) seja a mesma no futuro próximo e no futuro distante.

Quadro 5-1 *Principais estatísticas da bacia hidrográfica do rio Meghna*

Item		valor
	Total	65,000 [a] 64,956 [b]
Área da bacia (km^2), tendo em conta a descarga em Bhairab Bazar	Parte da Índia (% da área total da bacia)	43,521 (67%) [b]
	Parte do Bangladesh (% da área total da bacia)	21,436 (33%) [b]
Comprimento do rio (km) [a]		946

	Gama	-1 ~ 2,579
Elevação (m a.s.l.) [c]	Média	307
	Área inferior a 500 m	75%
Utilização do solo (% da área total da bacia) [d]	Floresta	54%
	Agricultura	27%
	Herbácea/árvore esparsa/árvore aberta	18%
Variáveis meteorológicas (média da bacia) [e]	Precipitação (mm ano)$^{-1}$	3,212
	Temperatura (°C)	23
	Radiação líquida (W m)$^{-2}$	84
	Humidade específica (g/kg)	14.4
Variáveis hidrológicas (média da bacia) [f]	Escoamento (mm ano)$^{-1}$	2,193
	Evapotranspiração (mm ano)$^{-1}$	1,000
	Evapotranspiração potencial (mm ano)$^{-1}$	1,689
Descarga na estação de Bhairab Bazar ($m_3 s^{-1}$) [g]	Mais baixo	2

	Mais alto	19,900
	Média	4,600
Superfície líquida cultivada (km^2) na parte do Bangladesh (% do total do Bangladesh) [h]		11,624 (15.1%)
Produção da cultura do arroz (toneladas métricas) na parte do Bangladesh (% do total do Bangladesh) [i]	Local Boro	154,619 (72.1%)
	Híbrido Boro	510,456 (15.8%)
	HYV Boro	2427 343 (16.6%)
	Total Boro (Local+Híbrido+HYV)	3092,418 (17.1%)
	Aus	266,210 (15.6%)
	Aman	1785,855 (14.6%)
População na parte do Bangladesh (% do total do Bangladesh) [j]		19,4 milhões (13,5%)

[a] Nishat e Faisal (2000), [b] A partir deste estudo, [c] Estimado a partir de dados SRTM DEM por Lehner et al. (2006), [d] Estimado a partir de Tateishi et al. (2014), [e] Estimado a partir de WFD (período de dados: 1980-2001) por Weedon et al. (2011), [f] A partir de simulação de modelo com WFD, [g] BWDB (2012), [h] Estimado a partir do Censo Agrícola, 2008 (BBS, 2014), [i] Estimado a partir da produção vegetal, 2009-2010 (BBS, 2011) [j] Estimado a partir do Censo Populacional, 2011 (BBS, 2014)

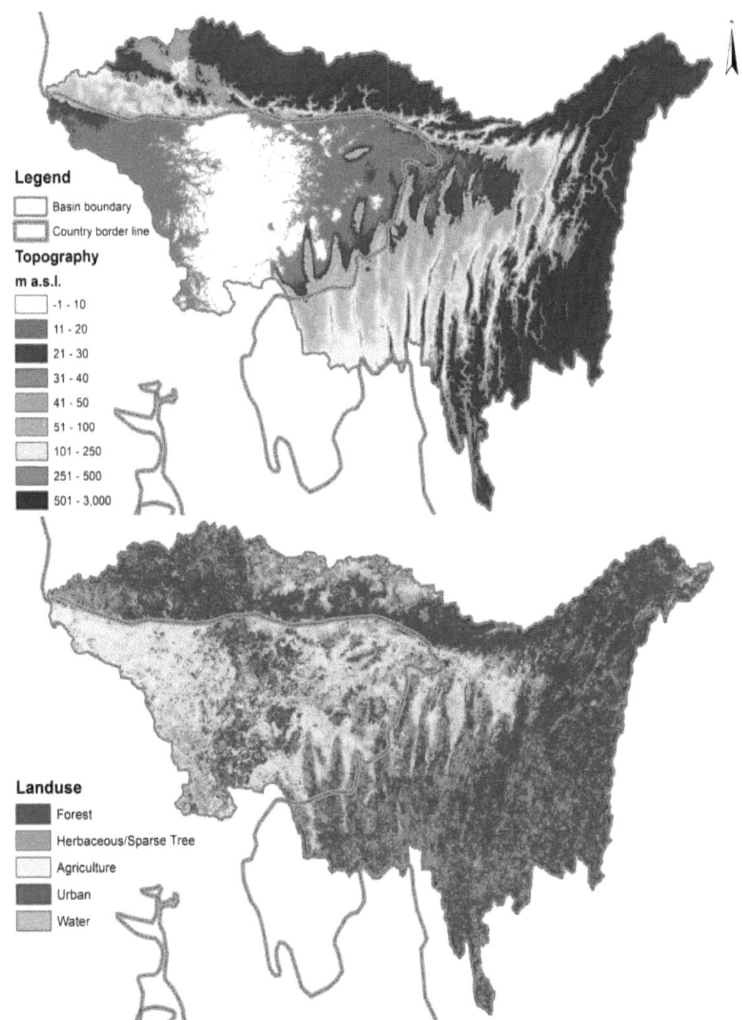

Figura 5-2. Topografia e uso do solo da bacia do rio Meghna. A topografia é adquirida a partir do HydroSHEDS, que é derivado de dados de deteção remota da Shuttle Radar Topography Mission (SRTM) com uma resolução de 3 segundos de arco (90 m) durante uma missão de 11 dias em fevereiro de 2000 (Lehner et al. 2006) e os dados sobre a utilização do solo são recolhidos a partir do Global Land Cover by National Mapping Organizations (GLCNMO), preparado utilizando dados MODIS com tecnologia de deteção remota (Tateishi et al., 2014).

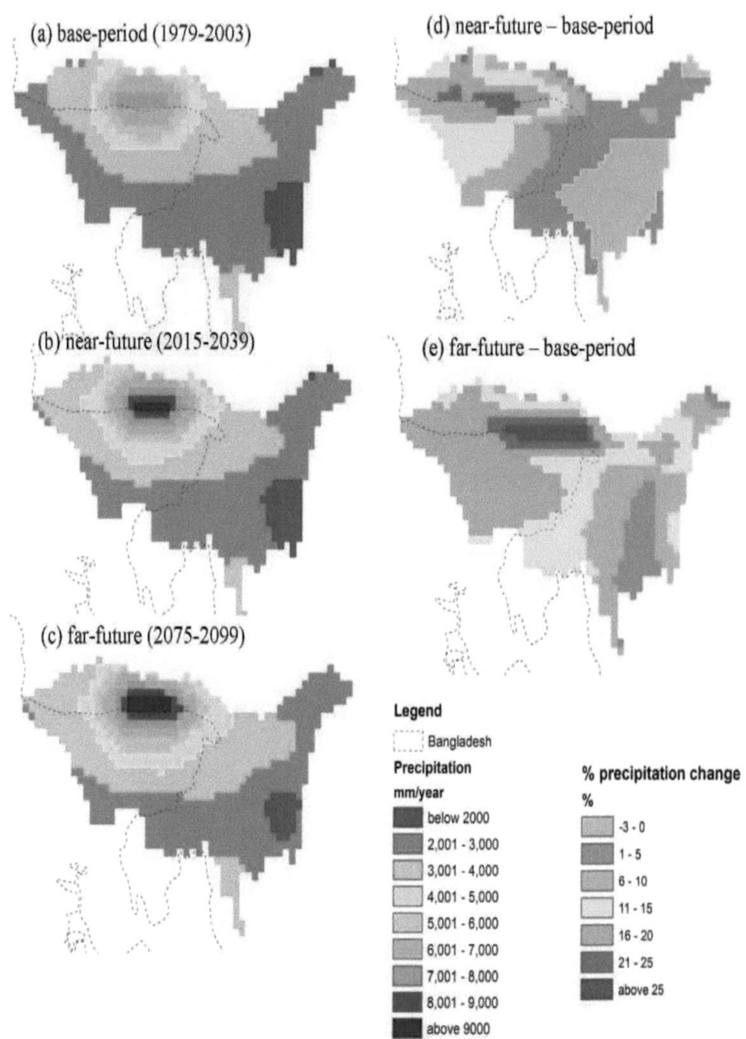

Figura 5-3. Distribuição espacial da precipitação projectada e alterações percentuais na precipitação média anual da bacia do Meghna. Toda a precipitação média anual apresentada na figura é uma média de 25 anos, e as alterações são calculadas considerando o período de 1979-2003 como período de base. (a), (b) e (c) referem-se ao período de base, ao futuro próximo e ao futuro distante, respetivamente. As alterações percentuais na precipitação projectada são apresentadas em (d) e (e) para o futuro próximo e o futuro longínquo, respetivamente. As células de cor violeta clara em (d) indicam a área onde a precipitação projectada é zero ou negativa.

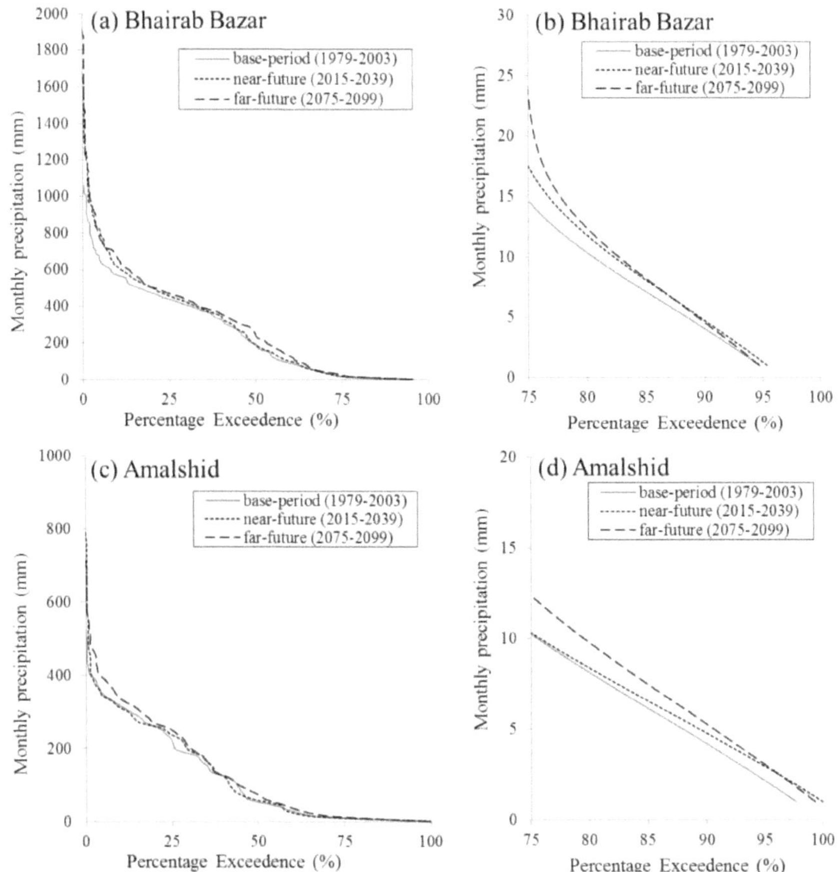

Figura 5-4. Probabilidade de excedência da precipitação mensal média da bacia de Meghna em duas estações de medição: (a) e (b) em Bhairab Bazar, (c) e (d) em Amalshid para três períodos de tempo: o período de base, o futuro próximo e o futuro distante. (b) e (d) são a vista ampliada de (a) e (c) a 75-100 excedências percentuais (que representam a probabilidade de exceder a precipitação mínima mensal) em Bhairab Bazar e Amalshid, respetivamente.

5.4 Variabilidade do escoamento superficial

5.4.1 Variação espacial do escoamento superficial

A distribuição espacial do escoamento superficial médio anual ao longo de uma escala temporal de 25 anos para os períodos observado e projetado é apresentada na Figura 5-5. A figura mostra também a variação percentual do escoamento médio anual para os períodos projectados em relação ao período de base. Em geral, tal como a precipitação, o escoamento superficial variou ao longo da bacia, de sudeste a noroeste, de baixo (700 mm) a alto (8.200 mm). O padrão de incremento do escoamento projetado é também semelhante ao padrão de incremento da precipitação. Durante o futuro próximo, o incremento do escoamento superficial é projetado até

34% em toda a bacia, em comparação com o período de base (Figura 5-5d). Para o futuro distante, o incremento do escoamento superficial é projetado até 39% (Figura 5-5e). Espera-se que a área com escoamento superficial entre 3.001 e 4.000 mm ano^{-1} se expanda de 27% (no período de base) para 29% e 33% no futuro próximo e no futuro distante, respetivamente (Tabela 5-2). A área com maior escoamento superficial (acima de 6.000 mm) aumenta de 0,8% (no período de base) para 2,4% e 2,6% no futuro próximo e no futuro distante, respetivamente. No entanto, prevê-se que o escoamento médio anual diminua nas zonas de baixa precipitação perto da parte sudeste da bacia num futuro próximo e num futuro distante até 6% e 1%, respetivamente (Figura 5-5d, e). Mais de 20% do incremento do escoamento superficial será registado em 21,4% e 35% da área da bacia no futuro próximo e no futuro distante, respetivamente (Tabela 5-3).

Tabela 5-2Percent *Area of the Basin for Different Classes of Average Annual (a) Precipitation and (b) Runoff in Three Different Time Slices*

Classes (unidade: mm ano-1)	Período de base (1979 2003)	Futuro próximo (2015 2039)	Futuro distante (2075 2099)
(a) Precipitação			
inferior a 2000	5.9	6.1	3.0
2001-3000	48.6	40.7	36.9
3001-4000	27.4	29.0	32.9
4001-5000	6.9	9.8	10.8
5001-6000	4.9	4.4	5.7
6001-7000	4.4	4.3	4.1
7001-8000	1.9	3.0	2.7
8001-9000	-	1.9	2.3
acima de 9000	-	0.7	1.7
(b) Escoamento			
inferior a 1000	3.3	3.3	1.3
1001-1500	27.5	22.7	19.2
1501-2000	32.0	29.0	30.1
2001-3000	20.4	23.8	26.9
3001-4000	6.8	7.9	8.5
4001-5000	5.1	4.9	4.4
5001-6000	3.9	4.1	4.5
acima de 6000	0.8	2.4	2.6

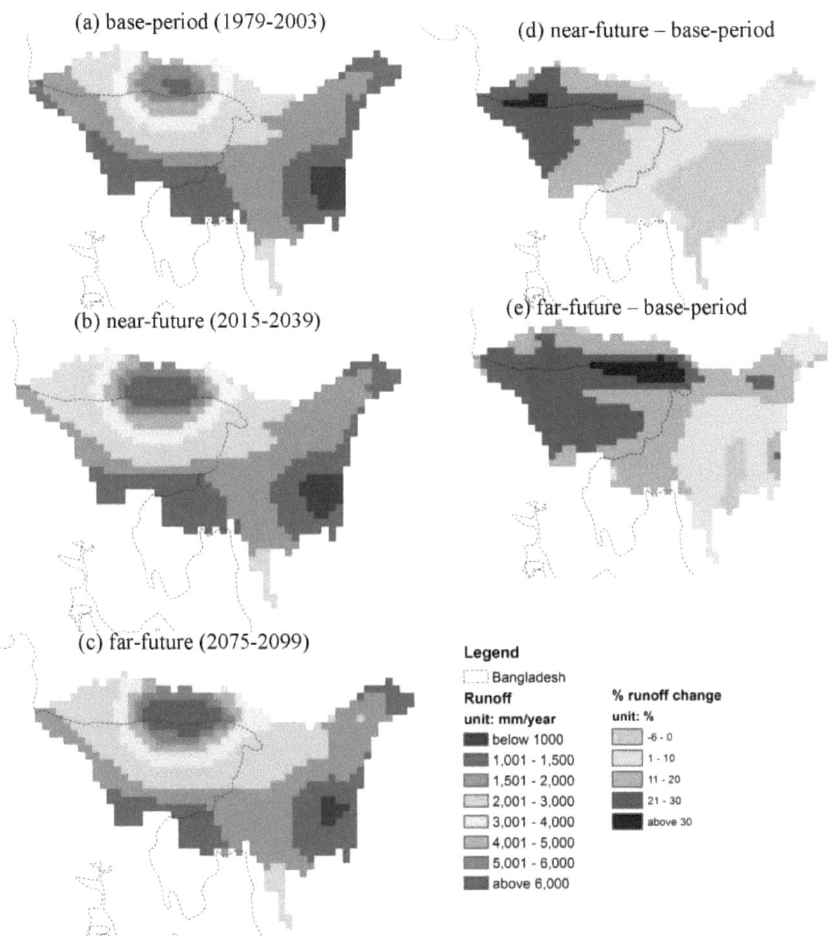

Figura 5-5. Distribuição espacial do escoamento projetado e alterações percentuais no escoamento médio anual da bacia do Meghna. Todo o escoamento médio anual apresentado na figura é uma média de 25 anos e as alterações são calculadas considerando 1979-2003 como o período de base. (a), (b) e (c) referem-se ao período de base, ao futuro próximo e ao futuro distante, respetivamente. As alterações percentuais no escoamento projetado são apresentadas em (d) e (e) para o futuro próximo e o futuro longínquo, respetivamente. As células de cor violeta clara em (d) e (e) indicam a área onde o escoamento projetado é zero ou negativo.

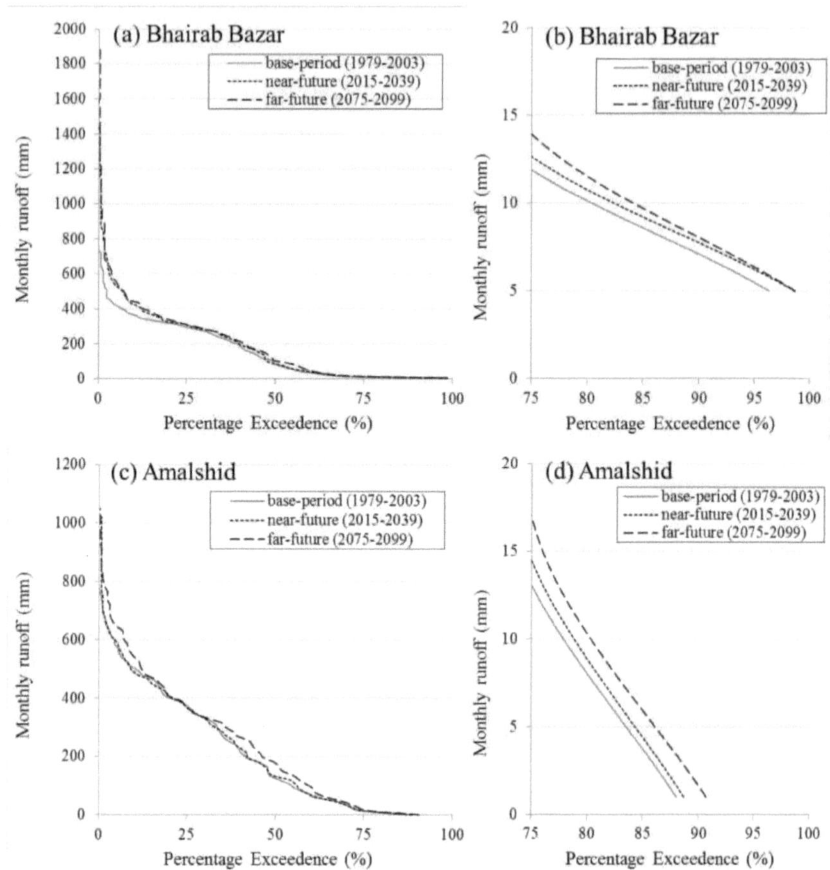

Figura 5-6. Probabilidade de ultrapassagem do escoamento médio mensal da bacia do Meghna em duas estações de medição: (a) e (b) em Bhairab Bazar, (c) e (d) em Amalshid para três períodos de tempo: o período de base, o futuro próximo e o futuro distante. (b) e (d) são a vista ampliada de (a) e (c) a 75-100 excedências percentuais (que representam a probabilidade de exceder o caudal mínimo mensal) em Bhairab Bazar e Amalshid, respetivamente.

5.4.2 Variação temporal do escoamento superficial

A probabilidade de excedência do escoamento anual para os períodos observados e projectados nas duas estações de medição é apresentada na Figura 5-6 para diferentes cortes temporais, o que também mostra a variabilidade temporal do escoamento ao longo dos períodos de tempo. As bacias

Os escoamentos médios mensais (médio e baixo) em Bhairab Bazar para três períodos de tempo diferentes não são muito diferentes. No entanto, os escoamentos mensais elevados tanto do futuro próximo como do futuro distante são significativamente mais elevados do que os do período de base (Figura 5-6a). Em Amalshid, todos os escoamentos mensais (alto, médio e baixo), exceto os escoamentos extremos do futuro próximo (PME de 1), deverão permanecer semelhantes aos do período de base. No entanto, no final deste século (2075-2099), prevê-se que todos os escoamentos mensais (alto, médio e baixo) aumentem significativamente em Amalshid (Figura 5-6c). Observa-se também que se prevê que os escoamentos baixos aumentem no futuro em ambas as estações de medição (Figura 5-6b, d).

Tabela 5-3 *Área percentual da bacia para diferentes classes de variação percentual de (a) precipitação e (b) escoamento no futuro próximo (2015-2039) e no futuro distante (2075-2099) em comparação com o período de base*

Classes (unidade: %)	Futuro próximo (2015-2039)	Futuro distante (2075-2099)
(a) Precipitação		
inferior a 0	22.5	-
1 - 5	30.8	8.7
6 - 10	13.6	21.6
11 - 15	16.4	25.8
16 - 20	12.5	36.3
21 - 25	2.7	4.7
acima de 25	-	2.9
(b) Escoamento		
inferior a 0	23.7	3.5
1 - 10	34.8	26.4
11 - 20	19.6	35.1
21 - 30	20.2	31.1
acima de 30	1.2	3.9

5.5 Efeito das alterações climáticas na descarga

O escoamento acumulado das grelhas a montante chega a jusante através do canal do rio sob a forma de descarga do rio; assim, as alterações espácio-temporais esperadas do escoamento têm obviamente um impacto no padrão de descarga do rio. A Figura 5-7 resume as mudanças nas descargas mensais na estação de Bhairab Bazar para três cortes de tempo. Observa-se que as mudanças nas descargas dos meses secos (dezembro-abril) não são significativas, enquanto que os incrementos das descargas nos meses húmidos, especialmente em maio-julho, são bastante elevados. O aumento projetado no valor mediano da descarga mensal durante o futuro próximo (futuro distante) é de 44% (104%) em maio, 38% (25%) em junho e 38% (26%) em julho. No entanto, no período de caudal máximo (junho e julho), prevê-se que as descargas do futuro longínquo sejam inferiores às do futuro próximo.

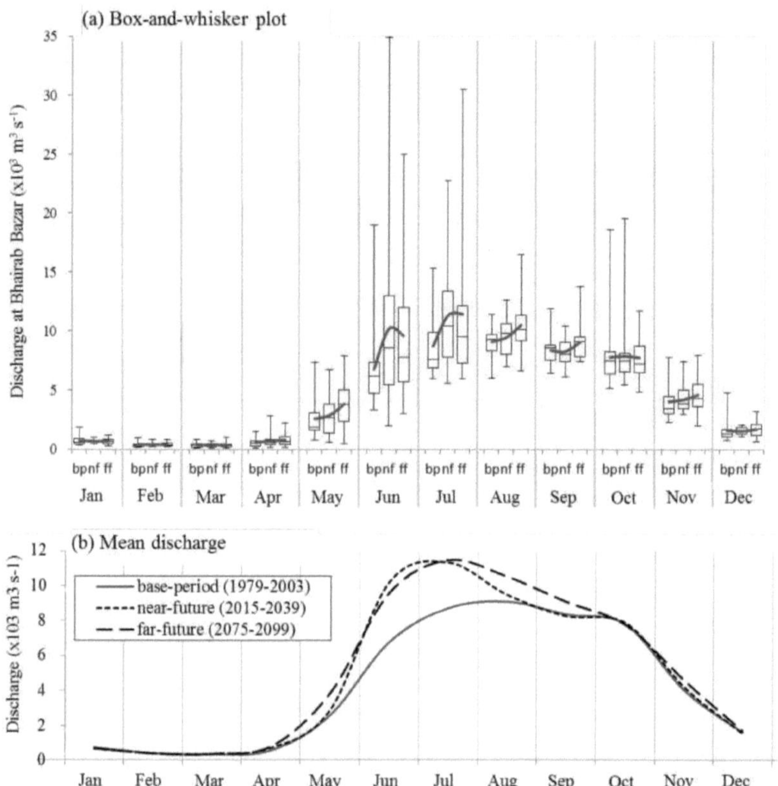

Figura 5-7. (a) Descarga do rio Meghna na estação de Bhairab Bazar para três fatias de tempo: o período de base (bp), o futuro próximo (nf), e o futuro distante (ff). Os gráficos de caixa e bigodes indicam o mínimo e o máximo (bigodes), os percentis 25 e 75 (extremidades da caixa) e a mediana (barra central sólida preta). A linha curva sólida representa o valor médio mensal. (b) Descargas médias na estação de Bhairab Bazar para três cortes temporais.

Os ciclos sazonais médios de descarga na saída da bacia para os três períodos de tempo são apresentados na Figura 5-7 b. Em geral, os picos de descarga das monções têm incrementos maiores tanto no futuro próximo como no futuro longínquo, e espera-se que os picos ocorram mais cedo do que no período de base. Por exemplo, prevê-se que o pico do futuro próximo (futuro longínquo) se desloque em meados de junho (julho), o que é cerca de 1,5 (1) mês antes do pico do período de base. De facto, a deslocação prevista dos picos conduz, em última análise, a uma maior possibilidade de inundações repentinas mais cedo no futuro. Assim, as alterações nas descargas máximas das monções em termos de magnitude e deslocação temporal são de maior preocupação para a agricultura e a gestão das cheias na bacia.

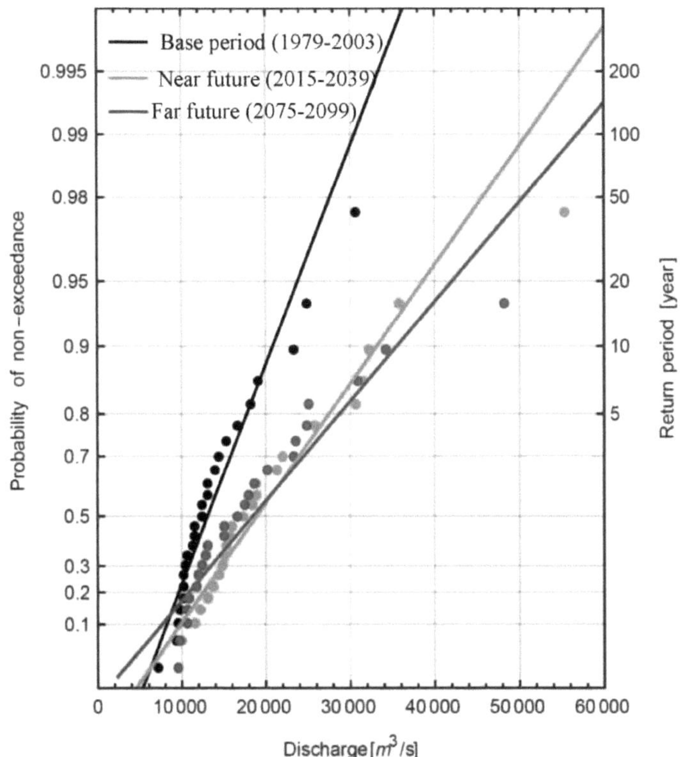

Figura 5-8. Probabilidade de não ultrapassagem e período de retorno para a distribuição de Gumbel das descargas máximas anuais ($m3$ s^{-1}) em Bhairab Bazar para três fatias de tempo, o período de base (1979-2003), o futuro próximo (2015-2039) e o futuro distante (2075-2099), representados num papel de probabilidade de Gumbel.

A distribuição de Gumbel (Gumbel, 1941), com parâmetros estimados pelo método do momento L, foi selecionada para estimar tendências em frequências de caudais elevados porque a distribuição de Gumbel tem sido recomendada para análises de frequência de cheias nos principais rios do Bangladesh (Mirza, 2002) e é também adequada para uma amostra de dados relativamente mais pequena (Hirabayashi et al., 2013). A Figura 5-8 apresenta o gráfico de probabilidade de não excedência da série de máximos anuais de descargas em Bhairab Bazar para diferentes períodos de tempo. A figura mostra um aumento muito forte da descarga máxima anual no futuro, o que pode ter um impacto grave nas inundações na bacia. Prevê-se que a descarga de 50 anos (a probabilidade de não ser excedida é de 0,98) aumente de cerca de 28 000 m³ s⁻¹ no período de base para cerca de 45 000 m³ s⁻¹ (50 000 m³ s⁻¹) no futuro próximo (futuro distante), e um pico de caudal que atualmente ocorre de 50 em 50 anos ocorrerá pelo menos uma vez de cinco em cinco anos no futuro. Um aumento tão elevado exigiria grande atenção, embora se baseie apenas numa projeção, a MRI-AGCM3.2S.

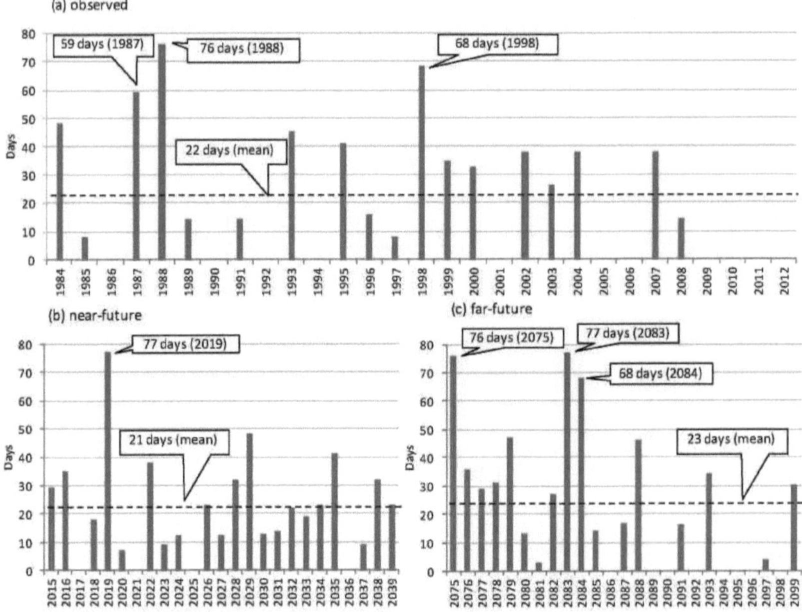

Figura 5-9. Número de dias em que a descarga em Bhairab Bazar, na foz do rio Meghna, fica acima do nível de perigo para (a) os últimos 28 anos observados, (b) o futuro próximo e (c) o futuro distante.

De acordo com as condições geo-morfológicas actuais do rio Meghna, a descarga de cerca de 12702 m^3 s^{-1} (nível da água a 6,25 m) corresponde ao nível de perigo em Bhairab bazar. A Figura 5-9 mostra o número de dias em que a descarga excedeu e se espera que exceda o nível de perigo em Bhairab bazar para os últimos 28 anos observados (1984-2012) e para os dois períodos de tempo futuros. O registo histórico mostra que o nível da água do rio em Bhairab Bazar permaneceu acima do nível de perigo durante 59, 76 e 68 dias durante as cheias graves de 1987, 1988 e 1998, respetivamente. No futuro próximo (futuro distante), prevê-se que o caudal do rio ultrapasse o nível de perigo e permaneça > um mês 7 (9) vezes em 25 anos, o que aconteceu 11 vezes nos últimos 28 anos. Prevê-se que o período de recessão se prolongue até ao máximo de 77 dias em 2019 e 2083, 76 dias em 2075 e 68 dias em 2084. No entanto, a simulação do modelo subestima a queda do limbo devido ao facto de ignorar o efeito de remanso e de maré. Por conseguinte, estes períodos de recessão poderão ser mais alargados. Uma relação simples entre a profundidade da água acima do nível de perigo e o tempo de recessão de várias cheias nos últimos 28 anos é apresentada na Figura 5-10 para a estação de Bhairab Bazar. Com o aumento do nível da cheia, o tempo de recessão aumenta significativamente.

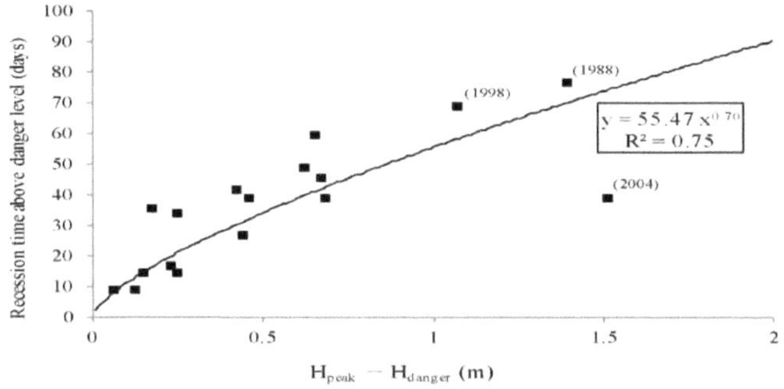

Figura 5-10. Relação entre a profundidade da água acima do nível de perigo e o tempo de recessão para o rio Meghna na estação de Bhairab Bazar. H_{peak} = Nível de pico da água (m) e H_{danger} = Nível de perigo (m).

5.6 Alterações decadais da precipitação e do escoamento superficial

Estima-se que as alterações decadais da precipitação e do escoamento superficial mostrem indícios do impacto das alterações climáticas a mais curto prazo, e o meu objetivo é desenvolver uma ferramenta que seja útil para o planeamento de futuros recursos hídricos. A Figura 5-11 apresenta a média decadal do incremento da precipitação anual e o correspondente incremento do escoamento superficial na saída da bacia do Meghna para os períodos projectados, considerando 1979-2003 como o período de base. Cada ponto representa uma variação decadal do escoamento superficial em relação à variação decadal da precipitação. Observa-se uma relação relativamente forte entre os aumentos da precipitação e os correspondentes aumentos do escoamento superficial, embora a relação não seja uniforme ao longo do tempo. As linhas de tendência cortam o eixo x em cerca de 3-4, o que significa que não haveria aumentos do escoamento superficial até 3-4% do aumento da precipitação. Este excesso de água será equilibrado pelo aumento da evapotranspiração, uma vez que esta é controlada pela disponibilidade de água. No entanto, o rácio entre o incremento decadal projetado do escoamento superficial e a precipitação durante o futuro longínquo é de 1,63, inferior ao rácio durante o futuro próximo (2,32).

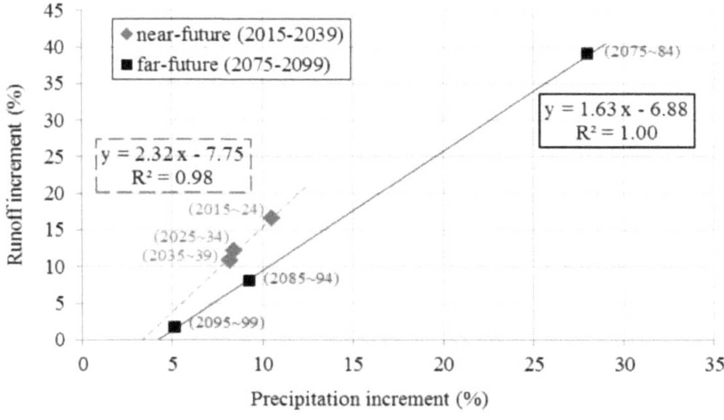

Figura 5-11. Precipitação projectada e alteração do escoamento superficial para o futuro próximo e o futuro distante. Cada ponto no gráfico representa a média de 10 anos do incremento do escoamento superficial associado ao correspondente incremento da precipitação na estação de medição de Bhairab Bazar. Para 2035-2039 e 2095-2099, a média é calculada em 5 anos. Todos os incrementos são calculados considerando 1979-2003 como o período de base.

Conclusões e implicações políticas

Conclusões

Nesta investigação, foi aplicada com êxito a tecnologia avançada mais atual para avaliar o impacto das alterações climáticas e são demonstradas as suas implicações para os recursos hídricos desta importante bacia. Para análises hidrometeorológicas pormenorizadas, incluindo a avaliação do impacto das alterações climáticas, é indispensável a utilização de dados hidrometeorológicos de resolução fina e de modelos hidrológicos distribuídos bem calibrados, o que foi conseguido com êxito nesta investigação. O modelo foi calibrado com uma resolução de grelha relativamente fina (10 km) através da análise da sensibilidade dos parâmetros do modelo e validado com base em dados diários de caudal observados a longo prazo (32 anos). Os impactos das alterações climáticas na hidrologia das bacias do GBM foram avaliados utilizando 5 GCM CMIP5. Além disso, os impactos das alterações climáticas na capacidade de gestão dos extremos hidrológicos (cheias e secas) em termos de armazenamento necessário para suavizar as variações hidrológicas são avaliados utilizando as Curvas de Duração das Cheias (CDC) e as Curvas de Duração das Secas (CDS). Os resultados e conclusões resumidos da investigação são apresentados nas três subsecções seguintes.

Modelação hidrológica

Para esta investigação, foi escolhido o modelo hidrológico distribuído em macro-escala H08 devido à sua (a) capacidade de simulação a longo prazo utilizando dados meteorológicos disponíveis a nível mundial, (b) acessibilidade, (c) desempenho, (d) aceitação generalizada nas análises do impacto das alterações climáticas globais e (e) natureza parcimoniosa com um mínimo de parâmetros a calibrar. Para simular com uma resolução de grelha fina (10 km), foi criado um novo mapa fluvial a partir de dados DEM de resolução fina (~0,5 km). O modelo pode simular eficazmente o período histórico com uma eficiência de Nash-Sutcliff (NSE) que varia entre 0,80 e 0,84. Outros índices estatísticos também sugerem que o desempenho do modelo é globalmente satisfatório (Quadro 3-3). Foi efectuada uma série de análises de sensibilidade dos parâmetros do modelo H08, a partir das quais foram determinados 10 conjuntos de parâmetros de melhor desempenho utilizando a simulação de amostragem de parâmetros, sendo estes conjuntos de parâmetros utilizados para quantificar a incerteza nas simulações históricas e futuras. Observa-se que a incerteza devida aos parâmetros do modelo na projeção do escoamento superficial é menor do que a de outras variáveis hidrológicas. A incerteza na projeção da ET também é menor, o que pode estar relacionado com a banda de incerteza mais estreita da radiação líquida. Por outro lado, a projeção da humidade do solo é bastante incerta, em parte devido à incerteza na especificação dos parâmetros da profundidade do solo no modelo.

Avaliação do impacto das alterações climáticas

A projeção futura foi realizada pelo modelo com os 10 melhores parâmetros de desempenho calibrados, forçados por cinco GCM CMIP5, através de três experiências temporais: o presente (1979-2003), o futuro próximo (2015-2039) e o futuro distante (2075-2099). Os resultados médios das 10 simulações foram utilizados para investigar os impactos das alterações climáticas na hidrologia à escala da bacia. As seguintes constatações e conclusões foram extraídas da análise do modelo:

(a) Prevê-se que todas as bacias do GBM sejam mais quentes entre 1-4,3°C no futuro próximo e no futuro distante. [st] Além disso, a bacia mais fria do Brahmaputra será mais quente do que as do Ganges e Meghna. (b) Considerando um cenário de emissões elevadas, no final do século XXI, prevê-se que a precipitação média a longo prazo aumente em +16,3, +19,8 e +29,6%, e que o escoamento médio a longo prazo aumente em +16,2, +33,1 e +39,7% nas bacias do Brahmaputra, Ganges e Meghna, respetivamente. (c) A alteração da ET no futuro próximo é relativamente baixa, mas aumenta e torna-se bastante grande no final do século devido ao aumento da radiação líquida e à temperatura do ar mais elevada. (d) A alteração da humidade do solo é menor do que a de outras quantidades hidrológicas.

De um modo geral, observa-se que o impacto das alterações climáticas nos processos hidrológicos da bacia do Meghna é maior do que o das outras duas bacias. Por exemplo, num futuro próximo, prevê-se que o escoamento superficial do Meghna aumente 19,1%, ao passo que se prevê um aumento de 6,7% e 11,3% para o Brahmaputra e o Ganges, respetivamente. Num futuro distante, um maior aumento da precipitação (29,6%) e um menor aumento da ET (12,9%) e, consequentemente, um maior aumento do escoamento superficial (39,7%) conduzirão a uma maior possibilidade de inundações nesta bacia.

Uma vez que a bacia do Meghna foi identificada como a mais sensível às alterações climáticas, foi dada uma maior atenção à bacia para investigar as alterações espácio-temporais das análises da precipitação e do escoamento superficial no âmbito do MRI-AGCM3.2S com o cenário A1B. Os seguintes resultados e conclusões são retirados desta análise:

A distribuição espacial das alterações projectadas na precipitação e no escoamento superficial mostra que as alterações esperadas não são uniformes em toda a bacia. O padrão de incremento mostra um aumento gradual a partir do canto sudeste em direção à extremidade noroeste da bacia. O incremento máximo da precipitação média anual (escoamento superficial) é de até 23% (34%) e 31% (39%) no futuro próximo e no futuro distante, respetivamente, com decréscimos em algumas áreas do Sudeste.

O incremento projetado do valor mediano das descargas mensais na saída da bacia é significativamente elevado no período húmido (maio-julho), variando entre 38-44% e 25-104% no futuro próximo e no futuro distante, respetivamente. O gráfico de probabilidades da série de máximos anuais de descargas também mostra uma maior probabilidade do forte pico anual no futuro, o que pode ter um impacto grave de inundações na bacia. Além disso, prevê-se que os picos das monções ocorram cerca de 1~1,5 meses mais cedo, o que, em última análise, conduzirá a uma maior possibilidade de cheias repentinas mais cedo no futuro.

■ Embora o maior impacto em termos de uma maior alteração da precipitação ou do escoamento superficial seja na parte noroeste da bacia, a área provavelmente mais afetada será a parte nordeste do Bangladesh (a jusante da bacia) em termos de ocorrência de cheias devido à sua menor elevação do solo. A percentagem máxima projectada de aumento da precipitação (escoamento superficial) nesta região é de 15% (30%) e 20% (30%) num futuro próximo e num futuro distante, respetivamente. Por conseguinte, é muito provável que a frequência e a magnitude das inundações repentinas aumentem nesta zona.

Análise da curva de duração

O estudo traça FDCs e DDCs para a precipitação mensal média da bacia e o caudal diário nas saídas das três bacias durante três períodos de tempo. O objetivo é investigar e comparar o impacto das alterações climáticas na capacidade de gestão das cheias e secas em termos das características de persistência das variações hidrológicas em relação à média a longo prazo nestas bacias. Foram identificados impactos significativos nas características das curvas de duração, que podem ser correlacionados com o grau de dificuldade de gestão destes fenómenos hidrológicos extremos. Os resultados são resumidos a seguir:

Sobre a precipitação média da bacia, entre as três bacias, a variação probabilística nos DDCs do Ganges é a maior e nos FDCs é a menor, indicando maior variação anual de baixa precipitação e menor variação anual de alta precipitação na bacia do Ganges. Para o Meghna, os FDCs com maior variação probabilística referem-se à sua maior variação anual de precipitação elevada, que se espera que exista também em períodos futuros. À semelhança do padrão de precipitação, as variações anuais do caudal alto e baixo do Meghna são maiores do que as das outras duas bacias relativamente às suas médias a longo prazo.

Relativamente ao caudal, o Ganges e o Meghna têm desvios e ângulos FDC-DDC mais elevados do que o Brahmaputra, o que implica que, relativamente à sua média a longo prazo, os eventos extremos nestas bacias serão mais graves, embora a taxa de recuperação desse evento extremo seja elevada quando a situação extrema começar a recuperar para o normal. Entretanto, o Brahmaputra tem o desvio mais pequeno e um ângulo semelhante, o que indica uma fraca gravidade dos fenómenos extremos e uma taxa de recuperação semelhante nas três bacias. Prevê-se que estas características significativas se mantenham também em períodos futuros.

Na classificação de acordo com o grau de dificuldade, observa-se que a capacidade de gestão da bacia do Meghna deverá ser inferior à das outras duas bacias devido ao aumento das variações sazonais e anuais do caudal em relação à sua média a longo prazo no futuro.

Implicações políticas

Este estudo apresenta análises hidrometeorológicas detalhadas, incluindo a avaliação do impacto das mudanças climáticas, com o objetivo de adquirir informações relevantes para a política necessária para a adaptação às mudanças climáticas, bem como para a gestão local dos recursos hídricos nas bacias do GBM. Os resultados desta pesquisa têm um número de implicações a nível de políticas para o governo, não-governamentais e agências doadoras, que podem também ser utilizadas na elaboração de políticas para a prontidão, prevenção, mitigação do risco de desastres.

Uma maior incerteza na estimativa da humidade do solo pelo modelo pode ser significativa na gestão do uso do solo e na agricultura em particular. Para uma utilização eficiente dos resultados do modelo hidrológico, deve ser dada prioridade à observação da humidade do solo. Este facto também realça a importância de uma parametrização adequada da física da água do solo no modelo.

Para um desenvolvimento eficiente dos recursos hídricos, um planeador e um decisor político podem obter informações úteis a partir de uma classificação da bacia quanto à dificuldade de gestão em termos de indicadores de armazenamento das albufeiras. A classificação das bacias pode ser utilizada para estabelecer prioridades e os indicadores de armazenamento podem ser utilizados para o desenvolvimento concreto e o ajustamento dos objectivos. Dado que o desenvolvimento da capacidade de armazenamento é impossível ou marginal no Bangladesh devido aos seus recursos limitados e à sua localização geográfica, seria necessário um maior ajustamento humano face à crescente variabilidade hidrometeorológica.

Embora os decisores políticos e os planeadores de recursos hídricos estejam interessados em conhecer o impacto das alterações climáticas na precipitação e no escoamento superficial a longo prazo, estão mais interessados em conhecer o seu impacto a curto prazo. Para satisfazer as necessidades destes grupos, as alterações decadais da precipitação e do escoamento superficial são estimadas e apresentadas na Figura 5-11. Isto pode ser utilizado como uma ferramenta para o planeamento dos recursos hídricos porque, a partir do gráfico, para uma determinada alteração na precipitação futura, a alteração provável no escoamento futuro pode ser calculada no período de tempo decadal. Por exemplo, num futuro próximo, um aumento de 10% da precipitação média anual (em comparação com o período de base, 19792003) resultará num aumento estimado de 15% do escoamento superficial. Como a quantidade de precipitação média anual e de escoamento superficial no passado é uma quantidade conhecida, a quantidade correspondente para qualquer hipótese desejada pode ser calculada.

Em comparação com o Brahmaputra, o Ganges e o Meghna são mais graves no que respeita à persistência da variabilidade hidrometeorológica. A mudança futura prevista do ciclo sazonal do caudal do Meghna será significativa para os gestores de catástrofes de inundações
e agricultores. Os gestores de catástrofes de inundação estão mais preocupados com o momento do pico e com os níveis máximos prováveis de inundação, que têm de ser considerados durante o planeamento e a conceção das medidas de controlo das inundações. Por conseguinte, as alterações futuras previstas na descarga implicam que o nível de inundação de projeto deve ser deslocado para um nível mais elevado do que o atual, a fim de conceber estruturas de controlo das inundações nessa região.

Prevê-se que as alterações climáticas reduzam o rendimento das culturas devido ao aumento da frequência e da gravidade das secas e inundações ou à alteração dos surtos de pragas e doenças (Harvey et al., 2014). Em particular, na zona baixa a jusante do Meghna, onde os agricultores podem cultivar uma cultura por ano, se uma inundação repentina chegar mais cedo e danificar as culturas, os meios de subsistência dos agricultores tornam-se instáveis. De acordo com o 4.º relatório de avaliação do IPCC sobre as alterações climáticas no Bangladesh, o cultivo do arroz diminuirá 8% e o declínio do trigo está estimado em 32% até 2050 (Chakraborty et al., 2008). A Figura 6-1 apresenta o calendário da cultura do arroz em relação à precipitação média mensal, à descarga e à temperatura do ar para três períodos de tempo. Esta figura demonstra que a colheita do arroz Boro e a sementeira do arroz Aman podem ser afectadas pela deslocação do pico da precipitação e da descarga. O arroz *Boro*, a principal cultura desta área, é plantado em janeiro e fevereiro e colhido em abril e maio (Mirza et al., 1998). Durante esta estação, a precipitação é escassa e, ocasionalmente, pode haver secas, mas *o Boro* é cultivado sob sol abundante e condições de temperatura moderada (Haruhisa et al., 2005). No entanto, esta cultura é frequentemente afetada por uma inundação repentina antes da colheita ou por uma inundação mais prolongada durante o período de cultivo devido à recessão tardia do pico da inundação. Normalmente, as culturas são protegidas das cheias repentinas até ao período de colheita por um aterro submergível, um tipo de aterro de terra que pode proteger de uma inundação até um certo nível e depois permite que a água entre para submergir as terras mais baixas. O prazo para a construção ou reparação do aterro existente termina no final de abril. Por conseguinte, no futuro, o objetivo de concluir a reparação/construção do aterro deve ser antecipado, a fim de proteger as culturas das inundações repentinas previstas. Em alternativa, o rendimento das culturas pode ser alcançado através do fornecimento de culturas de variedades de elevado rendimento (HYV) aos agricultores. Um estudo recente concluiu que duas variedades de arroz de inverno com maior rendimento atingiram a maturidade no final da primeira semana de abril, altura em que têm um elevado potencial para evitar riscos de cheias repentinas (Anik & Khan, 2012). No entanto, outras medidas alternativas de adaptação, como a agrossilvicultura (Thorlakson & Neufeldt, 2012) e a diversidade agrícola (Reidsma & Ewert, 2008), sugeridas por muitos autores, também podem ser utilizadas para reduzir a sua vulnerabilidade às alterações climáticas. No âmbito do domínio de interesse em causa, cada agência deve formular e aplicar políticas para reforçar as capacidades a nível local, bem como para reduzir a vulnerabilidade e os danos.

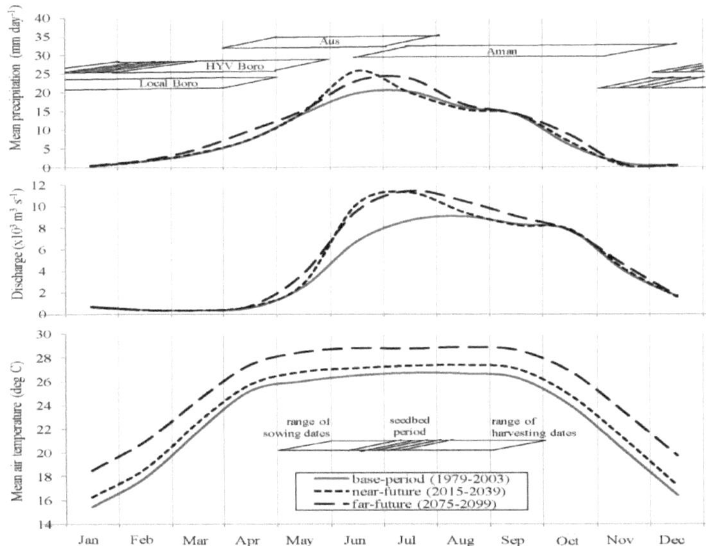

Figura 6-1. Calendário da cultura do arroz em relação aos valores médios mensais de precipitação, descarga na saída da bacia do Meghna e temperatura do ar para o período de base, o futuro próximo e o futuro distante.

Recomendações para estudos futuros

Este estudo tem ainda algumas limitações que podem ser abordadas em investigação futura. (a) Os resultados apresentados na avaliação do impacte das alterações climáticas na hidrologia das bacias do GBM são calculados em média por bacia. As alterações e tendências em grande escala, calculadas com base na média das bacias, são difíceis de traduzir em impactos à escala regional e local. Além disso, as alterações das médias não reflectem as alterações da variabilidade e dos extremos. (b) A utilização antropogénica e industrial da água a montante são factores importantes na alteração do ciclo hidrológico, mas não foram considerados no presente estudo devido a limitações de dados. (c) As bacias hidrográficas em urbanização caracterizam-se por rápidas alterações na utilização dos solos e as perturbações paisagísticas associadas podem afastar as relações precipitação-escoamento dos processos naturais. As alterações hidrológicas no futuro podem também ser amplificadas pela alteração dos usos do solo. No entanto, neste estudo não foram consideradas as alterações futuras da demografia e das utilizações dos solos.

Referências

Abrams, P. (2003). Rio Ganges. Recuperado em 13 de julho de 2014, de http://www.africanwater.org/ganges.htm

Anik, S. I., & Khan, M. A. S. A. (2012). Adaptação às alterações climáticas através do conhecimento local na região nordeste do Bangladesh. *Mitigation and Adaptation Strategies for Global Change,* *17*(8), 879-896. doi: 10.1007/s11027-011-9350-6

BBS. (2011). Estimates of Boro Rice, 2009-2010 (M. o. P. Agricultural Wing, Government of the People's Republic of Bangladesh, Trans.). Dhaka, Bangladesh: Gabinete de Estatística do Bangladeche, ala agrícola.

BBS. (2014). Statistical Pocketbook of Bangladesh-2013 (M. o. P. Statistics and Informatics Division (SID), Government of the People's Republic of Bangladesh, Trans.). Dhaka, Bangladesh: Gabinete de Estatística do Bangladeche.

Biemans, H., Speelman, L. H., Ludwig, F., Moors, E. J., Wiltshire, A. J., Kumar, P., .

. . Kabat, P. (2013). Future water resources for food production in five South Asian river basins and potential for adaptation - A modeling study. *Science of The Total Environment, 468-469, Suplemento* (0), S117-S131. doi: http://dx.doi.Org/10.1016/j.scitotenv.2013.05.092

BWDB. (2012). *Rivers of Bangladesh (Rios do Bangladesh)*. Dhaka: Bangladesh Water Development Board.

Caesar, J., Janes, T., Lindsay, A., & Bhaskaran, B. (2015). Projecções de temperatura e precipitação no Bangladesh e nos sistemas a montante do Ganges, Brahmaputra e Meghna. *Environmental Science: Processes & Impacts*. doi: 10.1039/C4EM00650J

Carpenter, T. M., & Georgakakos, K. P. (2006). Intercomparação de simulações de conjuntos de modelos hidrológicos concentrados versus distribuídos em escalas de previsão operacional. *Journal of Hydrology,329*(1-2), 174-185. doi: http://dx.doi.org/10.1016/j.jhydrol.2006.02.013

Chakraborty, T.R., Rahman, M.M. & Islam M.A. (2008). Climate Change and the Vulnerability of Bangladesh, em, CNRS, Dhaka, Bangladesh.

Chowdhury, M. R. (2000). An Assessment of Flood Forecasting in Bangladesh: The Experience of the 1998 Flood. *Natural Hazards*(22), 139-163.

Chowdhury, M. R., & Ward, M. N. (2004). Hydro-meteorological variability in the greater Ganges-Brahmaputra-Meghna basins. *International Journal of Climatology, 24*(12), 1495-1508. doi: 10.1002/joc.1076

Chowdhury, M. R., & Ward, M. N. (2007). Seasonal flooding in Bangladesh - variability and predictability (Inundações sazonais no Bangladesh - variabilidade e previsibilidade). *Hydrological Processes, 21*(3), 335-347. doi: 10.1002/hyp.6236

Endo, H., Kitoh, A., Ose, T., Mizuta, R., & Kusunoki, S. (2012). Alterações futuras e incertezas na precipitação asiática simuladas por experiências de conjunto multifísico e multi-mar de temperatura à superfície com Meteorologia de alta resolução

Modelos de circulação geral atmosférica do Instituto de Investigação (MRI-AGCMs). *Journal of Geophysical Research, 117*(D16). doi: 10.1029/2012jd017874

FAO-AQUASTAT. (2014). *Irrigação da* bacia do rio Ganges-Brahmaputra-Meghna *na Ásia Meridional e Oriental em números - Inquérito AQUASTAT - 2011* (pp. 1).

Gain, A. K., Immerzeel, W. W., Sperna Weiland, F. C., & Bierkens, M. F. P. (2011). Impacto das alterações climáticas no caudal do Brahmaputra inferior: tendências nos caudais altos e baixos com base na modelação de conjuntos ponderados pela descarga. *Hydrology and Earth System Sciences, 15*(5), 1537-1545. doi: 10.5194/hess- 15-1537-2011

Ghosh, S., & Dutta, S. (2012). Impact of climate change on flood characteristics in Brahmaputra basin using a macro-scale distributed hydrological model. *Journal of Earth System Science, 121*(3), 637-657. doi: 10.1007/s1204040-012- 0181-y

Gumbel, E. J. (1941). O período de retorno dos caudais de cheia. *The Annals of Mathematical Statistics, 12*, 163-190.

Günter Blöschl, Murugesu Sivapalan, Thorsten Wagener, A., & Savenije, V. a. H. (2013). *Previsão do escoamento superficial em bacias não avaliadas: Synthesis across Processes, Places and Scales* (Vol. Edited): IMPRENSA DA UNIVERSIDADE DE CAMBRIDGE.

Haddeland, I., Clark, D. B., Franssen, W., Ludwig, F., Voß, F., Arnell, N. W., . . . Yeh, P. (2011). Estimativa Multimodelo do Balanço Hídrico Terrestre Global: Setup and First Results. *Journal of Hydrometeorology, 12*(5), 869-884. doi: 10.1175/2011jhm1324.1

Haddeland, I., Heinke, J., Voß, F., Eisner, S., Chen, C., Hagemann, S., & Ludwig, F. (2012). Efeitos das estimativas de radiação, humidade e vento do modelo climático nas simulações hidrológicas. *Hydrology and Earth System Sciences, 16*(2), 305318. doi: 10.5194/hess-16-305-2012

Hanasaki, N., Kanae, S., Oki, T., Masuda, K., Motoya, K., Shirakawa, N., . . . Tanaka, K. (2008). Um modelo integrado para a avaliação dos recursos hídricos globais -Parte 1: Descrição do modelo e forçamento meteorológico de entrada. *Hydrol. Earth Syst. Sci.*(12), 1007-1025.

Hanasaki, N., Saito, Y., Chaiyasaen, C., Champathong, A., Ekkawatpanit, C., Saphaokham, S., . . . Thongduang, J. (2014). Uma simulação hidrológica em tempo quase real do rio Chao Phraya usando dados meteorológicos das estações meteorológicas automáticas do Departamento Meteorológico da Tailândia. *Hydrological Research Letters, 8*(1), 9-14. doi: 10.3178/hrl.8.9

Haruhisa, A., Jun, M., & Rahman, R. (2005). Impact of Recent Severe Floods on Rice Production in Bangladesh (Impacto das recentes cheias graves na produção de arroz no Bangladesh). *Geographical Review of Japan, 78*(12), 783793.

Harvey, C. A., Rakotobe, Z. L., Rao, N. S., Dave, R., Razafimahatratra, H., Rabarijohn, R. H., . . . Mackinnon, J. L. (2014). Extrema vulnerabilidade dos pequenos agricultores aos riscos agrícolas e às alterações climáticas em Madagáscar. *Philos Trans R Soc Lond B Biol Sci, 369*(1639), 20130089. doi: 10.1098/rstb.2013.0089

Hirabayashi, Y., Mahendran, R., Koirala, S., Konoshima, L., Yamazaki, D., Watanabe, S., . . . Kanae, S. (2013). Risco global de inundação sob as alterações climáticas. *Nature Climate Change, 3*(9), 816-821. doi: 10.1038/nclimate1911

HydroSHEDS. (2014). Dados e mapas hidrológicos baseados em derivados de elevação SHuttle em várias escalas. 2014, de http://hydrosheds.cr.usgs.gov/hydro.php

Immerzeel, W. (2008). Tendências históricas e previsões futuras da variabilidade climática na bacia do Brahmaputra. *Jornal Internacional de Climatologia, 28*(2), 243254. doi: 10.1002/joc.1528

Islam, A. S., Haque, A., & Bala, S. K. (2010). Hydrologic characteristics of floods in Ganges-Brahmaputra-Meghna (GBM) delta. *Natural Hazards, 54*, 797-811.

IWM. (2006). Atualização e validação do modelo da região noroeste (NWRM). Bangladesh: Instituto de Modelação da Água.

Kamal-Heikman, S., Derry, L. A., Stedinger, J. R., & Duncan, C. C. (2007). A Simple Predictive Tool for Lower Brahmaputra River Basin Monsoon Flooding. *Earth Interactions, 11*(21), 1-11. doi: 10.1175/ei226.1

Kamal, R., Matin, M. A., & Nasreen, S. (2013). Resposta do regime de caudal do rio a vários cenários de alterações climáticas na bacia do Ganges-Brahmaputra-Meghna. *Journal of Water Resources and Ocean Science, 2*(2), 15-24. doi: 10.11648/j.wros.20130202.12

Kikkawa, H., & Takeuchi, K. (1975a). Características da curva de duração da seca e sua aplicação. *Proc JSCE, 234*, 62-71.

Kikkawa, H., & Takeuchi, K. (1975b). Utilização do conhecimento estatístico da seca para aliviar os problemas de seca. *Proc. Second World Congr. IWRA, Nova Deli, 4*, 197-203.

Kwak, Y., Takeuchi, K., Fukami, K., & Magome, J. (2012). Uma nova abordagem para a avaliação do risco de inundação na região Ásia-Pacífico com base nos resultados do MRI-AGCM. *Hydrological Research Letters, 6*, 70-75. doi: 10.3178/HRL.6.70

Kyoshi, T., Shimoda, A., & Watanabe, K. (1993). Um Estudo do Controlo de Barragens com a Curva de Regra DDC. *JHHE, 37*, 87-92.

Lehner, B., Verdin, K., & Jarvis, A. (2006). Documentação técnica do HydroSHEDS.

Lespinas, F., Ludwig, W., & Heussner, S. (2014). Incertezas hidrológicas e climáticas associadas à modelação do impacto das alterações climáticas nos recursos hídricos de pequenos rios costeiros mediterrânicos. *Journal of Hydrology, 511*, 403-422. doi: 10.1016/j.jhydrol.2014.01.033

Lucas-Picher, P., Christensen, J. H., Saeed, F., Kumar, P., Asharaf, S., Ahrens, B., . . . Hagemann, S. (2011). Can Regional Climate Models Represent the Indian Monsoon? *Journal of Hydrometeorology, 12*(5), 849-868. doi:

10.1175/2011jhm1327.1

Masood, M., Yeh, P. J. F., Hanasaki, N., & Takeuchi, K. (2014). Estudo de modelo dos impactos das futuras mudanças climáticas na hidrologia da bacia do Ganges-Brahmaputra-Meghna (GBM). *Hydrol. Earth Syst. Sci. Discuss.,* *11*(6), 5747-5791. doi: 10.5194/hessd-11-5747-2014

Masood, M., Yeh, P. J. F., Hanasaki, N., & Takeuchi, K. (2015). Estudo de modelo dos impactos das futuras mudanças climáticas na hidrologia da bacia do Ganges-Brahmaputra-Meghna. *Hydrology and Earth System Sciences,* *19*(2), 747-770. doi: 10.5194/hess-19-747-2015

Matsuda, S. (1979). Estudo sobre a precipitação durante períodos de precipitação deficiente na Prefeitura de Kochi. *Transactions of The Japanese Society of Irrigation, Drainage and Reclamation Engineering,1979*(84), 29-35,a21. doi:
10.11408/jsidre1965.1979.84_29

Mirza, M. M. Q. (2002). Global warming and changes in the probability ofoccurrence of floods in Bangladesh and implications (Aquecimento global e alterações na probabilidade de ocorrência de cheias no Bangladesh e implicações). *Global Environmental Change, 12*(12), 127-138.

Mirza, M. M. Q. (2003). Three Recent Extreme Floods in Bangladesh: A HydroMeteorological Analysis. *Natural Hazards, 28*(1),   35-64. doi: 10.1023/A:1021169731325

Mirza, M. M. Q., & Ahmad, Q. K. (2005a). *Climate Change And Water Resources In South Asia (Alterações Climáticas e Recursos Hídricos no Sul da Ásia).* Leiden, Países Baixos: A. A. Balkema Publishers.

Mirza, M. M. Q., & Ahmad, Q. K. (Eds.). (2005b). *Climate Change And Water Resources In South Asia (Alterações Climáticas e Recursos Hídricos no Sul da Ásia).* Leiden, Países Baixos: A. A. Balkema Publishers.

Mirza, M. M. Q., Warrick, R. A., & Ericksen, N. J. (2003). The implications of climate change on floods of the Ganges, Brahmaputra and Meghna rivers in Bangladesh (As implicações das alterações climáticas nas cheias dos rios Ganges, Brahmaputra e Meghna no Bangladesh). *Climate Change* (57), 287-318.

Mirza, M. M. Q., Warrick, R. A., Ericksen, N. J., & Kenny, G. J. (1998). Trends and persistence in precipitation in the Ganges, Brahmaputra and Meghna river basins (Tendências e persistência da precipitação nas bacias dos rios Ganges, Brahmaputra e Meghna). *Hydrological Sciences-Journal, 43*(6), 345-858.

Mizuta, R., Yoshimura, H., Murakami, H., Matsueda, M., Endo, H., Ose, T., . . . Kitoh, A. (2012). Simulações climáticas utilizando o MRI-AGCM3.2 com grelha de 20 km. *Jornal da Sociedade Meteorológica do Japão, 90A*(0), 233-258. doi: 10.2151/jmsj.2012-A12

Moffitt, C. B., Hossain, F., Adler, R. F., Yilmaz, K. K., & Pierce, H. F. (2011). Validação de um sistema global de deteção de inundações baseado no TRMM no Bangladesh. *International Journal of Applied Earth Observation and   Geoinformation,   13*(2),   165-177.   doi:

http://dX.doi.org/10.1016/j.jag.2010.11.003

Nash, J. E., & Sutcliffe, J. V. (1970). River flow forecasting through concetual models part I - a discussion of principles. *J. Hydrol, 10*, 282-290.

Nishat, A., & Faisal, I. M. (2000). An assessment of the Institutional Mechanism for Water Negotiations in theGanges-Brahmaputra-Meghnasystem. *International Negotiations* (5), 289-310.

Oki, T., & Sud, Y. C. (1998). Design of Total Runoff Integrating Pathways (TRIP)- A Global River Channel Network. *Interacções Terrestres, 2*.

Parry, L. (2013). Acha que o tempo está mau aqui? Pensem nestes aldeões indianos que vivem no local mais húmido do mundo, com 40 PÉS de chuva por ano. Obtido em 23 de janeiro de 2015, de http://www.dailymail.co.uk/news/article- 2471421/Indias-Mawsynram-villagers-live-wettest-place-world-40-FEET-rain- year.html

Pokhrel, Y., Hanasaki, N., Koirala, S., Cho, J., Yeh, P. J. F., Kim, H., . . . Oki, T. (2012). Incorporação de módulos de regulação antropogénica da água num modelo de superfície terrestre. *Journal of Hydrometeorology, 13*(1), 255-269. doi: 10.1175/jhm-d-11-013.1

Quddus, M. A. (2009). Crescimento da produção vegetal em diferentes zonas agro-ecológicas do Bangladesh. *J. Bangladesh Agril. Univ., 7*(2), 351-360.

Rahman, M. M., Ferdousi, N., Sato, Y., Kusunoki, S., & Kitoh, A. (2012). Cenário de precipitação e temperatura para Bangladesh usando AGCM de malha de 20 km. *International Journal of Climate Change Strategies and Management, 4*(1), 66-80. doi: 10.1108/17568691211200227

Reidsma, P., & Ewert, F. (2008). Regional Farm Diversity Can Reduce Vulnerability of Food Production to Climate Change" (A diversidade regional das explorações agrícolas pode reduzir a vulnerabilidade da produção alimentar às alterações climáticas). *Ecologia e Sociedade, 13(1)*(38).

Sevat, E., & Dezetter, A. (1991). Seleção de funções objetivo de calibração no contexto da modelação do escoamento pluvial numa área de savana sudanesa. *Hydrological Sci. J., 36*(4), 307-330.

Siderius, C., Biemans, H., Wiltshire, A., Rao, S., Franssen, W. H., Kumar, P., . . . Collins, D. N. (2013). Contribuições do derretimento da neve para a descarga do Ganges. *Sci Total Environ, 468-469 Suppl*, S93-S101. doi: 10.1016/j.scitotenv.2013.05.084

Takeuchi, K. (1986). Chance-Constrained Model for Real-Time Reservoir Operation Using Drought Duration Curve. *Water Resources Research, 22*(4), 551-558.

Takeuchi, K. (1988). Hydrological Persistence Characteristics of floods and droughts-International comparisons (Características de persistência hidrológica de cheias e secas-Comparações internacionais). *Journal of Hydrology, 102*, 49-67.

Tateishi, R., Hoan, N. T., Kobayashi, T., Alsaaideh, B., Tana, G., & Phong, D. X. (2014). Produção de dados globais de cobertura do solo - GLCNMO2008. *Journal of Geography and Geology, 6*(3), 99-122. doi: 10.5539/jgg.v6n3p99

Thorlakson, T., & Neufeldt, H. (2012). Reduzir a vulnerabilidade dos agricultores de subsistência às alterações climáticas: avaliar as potenciais contribuições da agrofloresta no oeste do Quénia. *Agricultura e Segurança Alimentar, 1*(1), 15.

Tripp, D. R., & Niemann, J. D. (2008). Evaluating the parameter identifiability and structural validity of a probability-distributed model for soil moisture. *Journal of Hydrology*(353), 93-108. doi: 10.1016/j.jhydrol.2008.01.028

Vogel, R. M., & Fennessey, N. M. (1995). Flow Duration Curves II: A Review of Applications In Water Resources Planning. *Water Resources Bulletin, 31*(6), 1029-1039.

Wagener, T., McIntyre, N., Lees, M. J., Wheater, H. S., & Gupta, H. V. (2003). Towards reduced uncertainty in concetual rainfall-runoff modelling: dynamic identifiability analysis. *Hydrological Processes, 17*(2), 455-476. doi: 10.1002/hyp.1135

Weedon, G. P., Gomes, S., Viterbo, P., Osterle, H., Adam, J. C., Bellouin, N., . . . Best, M. (2010). The watch forcing data 1958-2001: A meteorological forcing dataset for land surface- and hydrological-models. (pp. 1-41).

Weedon, G. P., Gomes, S., Viterbo, P., Shuttleworth, J., Blyth, E., Osterle, H., . . . Best, M. (2011). Criação do WATCH Forcing Data e sua utilização para avaliar a evaporação global e regional de culturas de referência sobre a terra durante o século XX. *J. Hydrometeorol, 12*, 823-848. doi: 10.1175/2011JHM1369.1

Yatagai, A., Kamiguchi, K., Arakawa, O., Hamada, A., Yasutomi, N., & Kitoh, A. (2012). APHRODITE: Construção de um conjunto de dados diários de precipitação em grelha a longo prazo para a Ásia com base numa rede densa de pluviómetros. Boletim da Sociedade Meteorológica Americana, 93(9), 1401-1415. doi: 10.1175/BAMS-D- 11-00122.1

Apêndice A

Validação do modelo em três estações a montante

O desempenho do modelo foi ainda avaliado através da comparação do caudal mensal simulado com os dados observados do Global Runoff Data Centre (GRDC) em três estações de medição a montante (Farakka, Pandu e Teesta) na bacia do GBM. As localizações e áreas de drenagem destas três estações estão resumidas no Quadro 3-2. Embora os dados disponíveis não cubram o período de estudo de 1980-2001 (exceto para o Teesta, que tem os dados de 1985-1991), o ciclo sazonal médio e a média, máximo, mínimo e desvio padrão do caudal são comparados na Figura A1 e na Tabela A1. Pode ver-se que o ciclo sazonal médio do caudal simulado coincide bem com os dados GRDC correspondentes (Fig. A1d-f). Além disso, a concordância do caudal mensal simulado e observado de 1985-1991 na estação de Teesta da bacia de Brahmaputra é excelente (Fig. A1c).

Quadro A1 *Comparação entre o caudal observado (Fonte de dados: GRDC) e o caudal simulado (m³ s⁻¹) na estação de medição de Farakka na bacia do Ganges, bem como nas estações de Pandu e Teesta na bacia do Brahmaputra*

Bacia	Ganges		Brahmaputra		Brahmaputra	
Estação	Farakka		Pandu		Teesta	
Tipo de dados	observado	simulado	observado	simulado	observado	simulado
Período de dados (com falta)	1949 1973	1980 2001	1975 1979	1980 2001	1969 1992	1980 2001
Média	12,037	11,399	18,818	15,868	915	920
Máximo	65,072	69,715	49,210	46,381	3,622	4,219

Mínimo	1,181	414	4,367	3,693	10	122
Desvio padrão	14,762	15,518	12,073	11,709	902	948

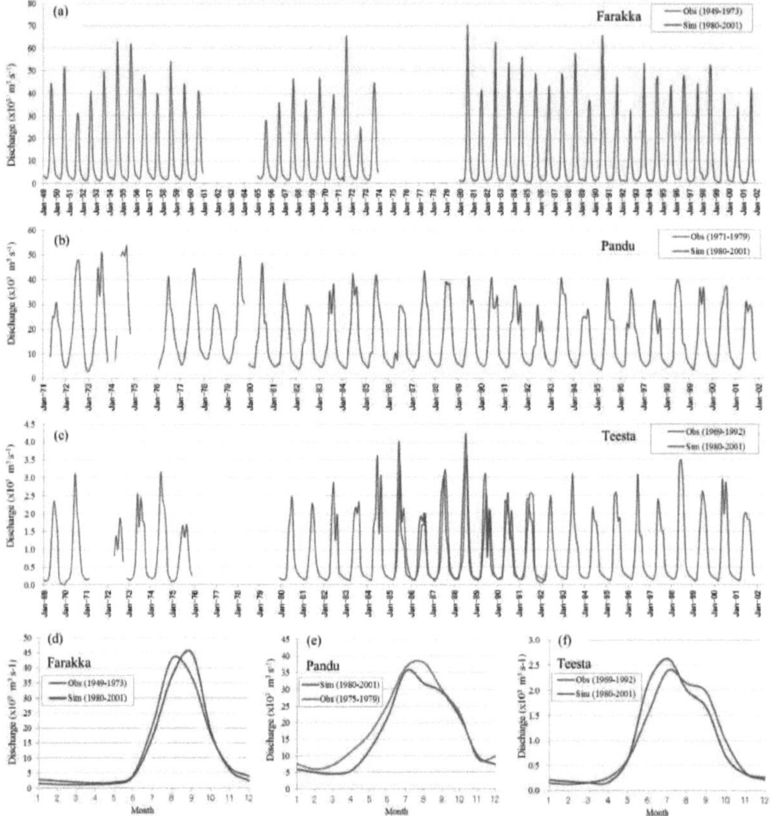

Figura A1. Comparações entre os dados simulados (linha magenta) e observados do GRDC (linha azul) para (a-c) a série temporal mensal de descargas e (d-f) ciclos sazonais médios a longo prazo na estação de medição de Farakka na bacia do Ganges e nas estações de Pundu e Teesta na bacia do Brahmaputra.

Apêndice B

Características salientes dos GCM utilizados

Quadro B1: *Características salientes dos modelos climáticos CMIP5 utilizados na análise*

Nome do modelo	MIROC-ESM	MIROC5	MRI- AGCM3.2S	MRI-CGCM3	HadGEM2- ES
Centro de modelação	Agência Japonesa para a Marinha Ciência e Tecnologia da Terra, Instituto de Investigação da Atmosfera e dos Oceanos (Universidade de Tóquio) e Instituto Nacional de Estudos Ambientais	Instituto de Investigação da Atmosfera e dos Oceanos (Universidade de Tóquio), Instituto Nacional Instituto de Ambiental Estudos, e Agência Japonesa para a Marinha Ciências da Terra e Tecnologia	Instituto de Investigação Meteorológica (MRI), Japão e Japão Agência Meteorológica (JMA), Japão	Instituto de Investigação Meteorológica (MRI), Japão	Met Office Hadley Centre, Reino Unido
Cenário	RCP 8.5	RCP 8.5	SRES A1B	RCP 8.5	RCP 8.5
Resolução horizontal nominal	2.81 x 2.77°	1.41x1.39°	0.25x0.25°	1.125x 1.11°	1.875x 1.25°
Tipo de modelo	ESMa	ESMa	AMIPb	ESMa	ESMa
Nome ou tipo do componente do aerossol	SPRINTARS	SPRINTARS	Prescrito		Interativo

Química da atmosfera	Não implementado	Não implementado	Não implementado	Não implementado	Incluído
Componente da superfície terrestre	MATSIRO	MATSIRO	SiB0109	HAL	Incluído
Biogeografia oceânica	Tipo NPZD	Não implementado	Não implementado	Não implementado	Incluído
Gelo marinho	Incluído	Incluído	Não implementado	Incluído	Incluído

[a]ESM é o Modelo do Sistema Terrestre. Modelos de Circulação Geral Atmosfera-Oceano (AOGCMs) com representação dos ciclos biogeoquímicos.
[b]O AMIP refere-se a modelos com atmosfera e superfície terrestre apenas, utilizando a temperatura da superfície do mar e a extensão do gelo marinho observadas.

Printed by Books on Demand GmbH, Norderstedt / Germany